APRENDE
ENERGÍA
RENOVABLE

JONATHAN D. VARGAS

DEDICATORIA

Damos gracias a Dios por la oportunidad de compartir esta obra con usted. La dedico primeramente a mi familia, que con gran paciencia han obsequiado de su preciado tiempo para que pudiera crear este ejemplar. La dedico a mi Puerto Rico amado y a usted lector que desea entrar al universo de la energía fotovoltaica.

TABLA DE CONTENIDO

Relevo de Responsabilidad

Este libro es para propósitos educativos solamente, como introducción básica al conocimiento en sistemas de energía renovable. Es mandatorio guardar los estándares de seguridad, las regulaciones, permisos y el código eléctrico aplicable en su localización. Asegúrese de consultar a un profesional cualificado sobre todos los aspectos contenidos en esta literatura antes de diseñar, invertir o instalar un sistema de energía fotovoltaica.

El autor presenta la información en el mejor de los conocimientos y experiencia, pero no asume responsabilidad alguna por incidentes, consecuencias o accidente alguno causado por uso de la información aquí compartida. La misma es para propósitos ilustrativos solamente. Toda conexión eléctrica debe ser efectuada por un perito electricista debidamente certificado y debe cumplir con los códigos pertinentes de su país.

Trabajar con electricidad es muy peligroso y puede ser letal. Todo riesgo, daños, accidentes, o cualquier consecuencia es responsabilidad exclusiva del usuario. El autor recomienda el diseño, instalación y mantenimiento de cualquier sistema fotovoltaico por un ingeniero debidamente cualificado y autorizado. El autor, distribuidor o la casa editora no asume responsabilidad alguna por omisiones o errores en la información presentada en esta orientación.

NOTAS DEL AUTOR

 Hola, mi nombre es Jonathan Vargas, ingeniero seminarista de Aprende Energía Renovable, en temas educativos de sistemas de energía solar.

¡Bienvenido(a) a nuestra gran familia de Aprende Energía Renovable!

Por muchos años hemos dado cientos de talleres a ingenieros, electricistas y estudiantes sin conocimiento previo en temas de energía renovable. Dios nos ha concedido la oportunidad de compartir nuestro conocimiento con miles de participantes en nuestras charlas educativas alrededor de la isla de Puerto Rico, sea de forma presencial o haciendo uso de las plataformas digitales. Con ello hemos logrado fomentar que se hagan las cosas en orden, cumpliendo con las regulaciones pertinentes y por personal debidamente cualificado. El propósito principal es promover la seguridad en diseño e instalaciones de sistemas de energía renovable a nivel residencial.

No hay necesidad de ser esclavo de ninguna compañía de electricidad, incluyendo la nuestra. Tampoco dependemos de firmar un contrato a término por sistemas de energía. Especialmente en una época donde tenemos muchas opciones al alcance de nuestro presupuesto. Eso tampoco significa que vamos a meterle mano a la electricidad sin cualificación o conocimiento previo. Nuestros abuelos decían: *zapatero a sus zapatos.* Sea que contrate un servicio a un profesional o lo haga usted mismo con las cualificaciones requeridas, debe educarse propiamente y tener en mente que nada es más importante que la seguridad.

Energía renovable es un mundo cambiante a pasos acelerados, por lo cual la inversión más económica de todo sistema es la educación y es la que mayor fruto y que más dinero nos va a ahorrar a corto y a largo plazo.

A través de este libro hemos decidido compartir el conocimiento y la experiencia que hemos adquirido a través de los años en nuestros talleres e instalaciones. Nuestros participantes a su vez han tenido la oportunidad de compartir el conocimiento con otras personas de la misma manera en que han sido beneficiados. Es nuestro deseo llevarles de manera sistemática y organizada la forma correcta en que debemos diseñar e instalar un sistema de energía solar residencial.

Si bien es cierto que el sol sale gratuitamente todos los días para beneficio de aquellos que lo quieran aprovechar, eso no significa que energía renovable es gratis. Los equipos y componentes que necesitamos para colectar y utilizar esa energía tienen un costo que tenemos que cubrir. ¡Para nuestro beneficio, es una inversión que asegura un buen retorno y un sistema bien diseñado e instalado siempre se paga a si mismo! De modo que no es gratis, pero a la larga se paga solito y nos genera ingresos. Lo que nos ahorramos en el pago a la compañía de utilidades cubre los costos de todo sistema bien diseñado e instalado y siempre saldrá mucho más económico y conveniente que permanecer en la factura tradicional de la autoridad de energía eléctrica. No solo eso, sino que luego de que el sistema se paga a sí mismo, el resto de vida útil pasa a ser un productor de energía solar gratuitamente. *¡Fantástico!*

Cabe aclarar que los equipos para utilizar la energía solar no son económicos. De hecho, aquí sí que debemos tener en mente que *lo barato sale caro*. Puede ser una inversión de cuatro o cinco cifras. Al momento de escritura de este manual, los costos de paneles fotovoltaicos están en un bajo histórico y hay que aprovecharlo. En el 1976 un panel fotovoltaico costaba en

promedio $100/watt, literalmente solo para ricos e institucio-
nes como la NASA. Hoy en 2021, estamos disfrutando de
$0.45/watt en paneles fotovoltaicos de primera calidad. ¡Es-
tamos en el mejor momento de nuestra historia para invertir
en un sistema de energía fotovoltaica!

Tanto es así, que utilizar energía solar es más
económico que el pago a la utilidad en la mayoría
de las jurisdicciones del mundo. A eso le debemos
añadir múltiples beneficios marginales. Nos des-
ligamos de las facturas onerosas, no más apagones ni equipos eléctricos dañados por fluctuaciones de voltaje, control sobre la producción, almacenamiento de nuestra propia energía, paz emocional y muchos beneficios adicionales.

Sabemos que es un gran compromiso económico, pero la energía de la compañía eléctrica es más costosa y sólo va a subir de
precio como hasta ahora ha sido la norma. La realidad es que
la mayoría de los sistemas se pagan por sí mismos con bastante
rapidez, generalmente entre siete a diez años y proveen grandes beneficios durante la vida útil del sistema, 25 años o más.
Como todo, a veces hay que reemplazar algún componente,
especialmente las baterías tradicionales, aunque esto está
cambiando a pasos agigantados con las baterías de litio, *LiFe-
PO₄*. Pero para cuando corresponda reemplazar las baterías,
como veremos más adelante, se habrán pagado solitas con el
ahorro en la factura de utilidad.

Una de las razones principales para compartir esta información es ayudarle a desarrollar conciencia energética. Debe saber su consumo de electricidad, cuánto le cuesta y cómo redu-

cirlo, mientras mejora su estilo de
vida. En otras palabras, como hacer
más con menos.

Pero nunca debe olvidar que estamos trabajando con energía eléctrica

y es peligroso. Es vital hacer trabajos considerando los parámetros más estrictos de seguridad para que no tenga que lamentar. Los errores en las medidas básicas de seguridad en las
conexiones eléctricas son la razón principal de incendios en
instalaciones fotovoltaicas.

Estaremos hablando de diferentes sistemas fotovoltaicos disponibles, diversos componentes que son necesarios, errores
comunes, cálculos en base al consumo propio, sugerencias y un
sinfín de cositas fundamentales para tener éxito en esta em-
presa.

Puede sentarse a leer el libro de principio a final o puede ir
trabajando las secciones por capítulos según sea su necesidad.
Se desarrollan todas las áreas de un sistema de forma sistemática y terminamos trabajando el cálculo y diseño de un sistema
fotovoltaico desde la A hasta la Z en el capítulo XI.

Esperamos que esta experiencia sea amena y le sea de provecho. No podemos olvidar que como ciudadanos responsables
debemos cumplir con todas las regulaciones y reglamentos
vigentes en nuestro país de residencia.

Es nuestro deseo que esta lectura le
ayude y le inspire a disfrutar de los
beneficios de la energía solar. Contamos con su colaboración para expandir el conocimiento y hacer llegar
estas buenas nuevas a nuestros her-
manos puertorriqueños y al mundo
entero.

A pesar que hemos puesto el mayor de los esfuerzos en este
proyecto, es posible que surja la necesidad de futuras revisio-
nes para el atemperamiento según los cambios tecnológicos,
correcciones o adaptaciones del lenguaje. En Puerto Rico utilizamos muchos anglicismos, por eso encontrará palabras en

inglés de uso cotidiano en español, tales como watts, significando vatios y algunas más.

Nuevamente, es nuestro deseo que esta lectura le sea de grande bendición y le invitamos a unirse a la gran familia de Aprende Energía Renovable y compartir sus impresiones en www.facebook/aprende.energía.renovable.

Este manual es el compendio ideal para nuestros talleres de energía renovable. Si no ha participado aun, le invitamos a visitar nuestra página para reservar en alguno de los talleres que damos alrededor de la isla.

Ing. Jonathan D. Vargas

¡Seguridad Primero!

I Errores más comunes que cometemos cuando hablamos de energía renovable.

La tecnología aplicada a los sistemas de hoy en día, progresa a gran velocidad y varía enormemente según los descubrimientos, las marcas, modelos, capacidades, objetivos, tipos y muchas otras características que debemos considerar antes de invertir. A estos cambios se ajustan los códigos de electricidad y las prácticas comunes según sea la jurisdicción. A eso tenemos que sumarle, que la mayoría de los currículos de los profesionales en electricidad, hasta tiempos más recientes, no incluían estos temas en la educación obligatoria. Eso ha ido cambiando poco a poco y energía renovable se ha tornado en un tema mandatorio en nuestra sociedad, aunque hay mucha tela donde cortar.

1. Firmar un contrato o comenzar a instalar su propio sistema de energía renovable sin educarse primero.

 Cuando comenzamos a trabajar en nuestro propio sistema de energía renovable, hace unos años atrás, no teníamos el conocimiento suficiente para hacer las cosas bien de la primera, por diversas razones. Tenemos que acentuar que nadie lo sabe todo y recordar que en nuestras profesiones no se educaba formalmente en el tema. En la universidad no se enseñaba en el tiempo que estudiábamos, ni contábamos con el beneficio de tener acceso a talleres como los que Aprende Energía Renovable ofrece hoy día.

Comenzamos dañando nuestro primer inversor por conectarlo directamente al panel fotovoltaico. Uppsss! Claro, hoy parece un error muy tonto, pero debemos recordar que aún en las cosas simples se cometen errores complejos. Así aprendimos que no se debía conectar aquel inversor directo a los paneles fotovoltaicos, Al paso del tiempo hemos compartido con cientos de participantes que también han cometido un sinfín de errores previos a educarse, que a su vez le han costado miles de dólares en equipo, porque no tuvieron la oportunidad de ser instruidos con anticipación en estos temas. Sabemos que la necesidad es la madre de la invención y que en momentos difíciles si no hay bueyes, se ara con vacas. Pero siempre que sea posible, debemos educarnos y prepararnos con tiempo para evitar penurias en el futuro.

Usted puede alcanzar sus metas en energía renovable sin necesidad de vincularse a un contrato con ninguna compañía. Tampoco pretenda educarse con un vendedor, su trabajo no es educar. Su trabajo es vender y si es bueno, terminará vendiéndole un bloque de hielo a un esquimal. Si está leyendo este libro, está haciendo lo correcto, se está educando.

¡De modo que la educación es fundamental y es la mejor inversión!

2. Confundir los tipos de sistemas.

Tenemos tres opciones principales. **Primero**, los sistemas conectados a la red «*grid tied*» o de medición neta «*net metering*». **Segundo**, los sistemas desconectados de la red «*off-grid o stand alone*». **Tercero**, los sistemas combinados. Cualquiera de ellos tiene sus pros y sus contras. En algunos casos conviene uno más que el otro, en otras instancias es indiferente. Lo cierto es que hay que definir el objetivo a largo plazo, para tomar una buena decisión en el presente.

En realidad, cada sistema tiene virtudes y limitaciones, que deben ser analizadas de forma particular de acuerdo al uso deseado. En general, los sistemas combinados son los más accesibles y proveen una alternativa rápida y viable para el ciudadano de a pie. Teniendo conocimiento adecuado puede comenzar poco a poco, de forma expandible, sin necesidad de perder dinero por reemplazo de equipos, de lo cual comentaremos en el desarrollo del tema.

La única vacuna contra los apagones es un buen sistema de resguardo de baterías. Como siempre decimos, quien tiene baterías es como el que viste de Clubman, *se distingue*.

Con un sistema de medición neta estás generando tu propia energía. Así que las luces deben permanecer encendidas durante un corte de energía, ¿verdad? Desafortunadamente, ese no es el caso de los sistemas solares conectados a la red, al menos que tenga baterías. Aunque la energía se origina en sus paneles, sigue almacenada en la red de utilidades. Cuando la energía de la red se apaga, por ley y de forma automática, también lo hace la suya. Esto mantiene a los trabajadores de la autoridad a salvo de la energía que se produce de su arreglo solar.

En estos tiempos, en la mayoría de los casos, le venden sistemas de medición neta con resguardo de baterías. En otros casos, sin baterías, le instalan un inversor con la capacidad de producir cierta potencia durante horas de sol, aun cuando hay un apagón. Generalmente el inversor tiene un receptáculo externo con límite de 2,000 watts. Tiene que conectarse con una extensión eléctrica para utilizar esa energía mientras el sistema fotovoltaico la esté produciendo, o sea, mientras haya sol. Ese es un problema que tienen muchos dueños de sistemas de medición neta que han firmado contratos a 25 años sin baterías. ¡Los contratos a largo plazo cuestan lo que una hipoteca, por eso no deben firmarse a la ligera!

Aun en sistemas con baterías, siempre debemos tener un generador de electricidad en reserva, en caso de que haya alguna falla en el sistema, especialmente en momentos críticos o de mayor necesidad.

¡De manera que es importante escoger bien el tipo de sistema que nos convenga, necesitemos o queramos adquirir!

3. No planificar a largo plazo.

Es esencial tomar tiempo para evaluar cual sistema se acomoda a nuestras necesidades actuales y futuras. Muchas veces no es posible adquirir el equipo deseado al momento. En ese caso, una buena planificación a largo plazo es mucho más importante aún. Con la tecnología que tenemos disponible, los sistemas se pueden expandir escalonadamente sin necesidad de hacer una inversión grande al instante.

La mayoría de los paneles tienen una longevidad garantizada de veinticinco años. ¡Es mucho tiempo sin grandes cambios en su vida! Cuando la gente empieza a planificar su sistema, todos piensan en lo que necesitan hoy. Pocos piensan en cómo sus necesidades podrían cambiar en el futuro. ¿Qué pasa cuando los hijos aumentan el consumo o compre un vehículo eléctrico que necesite ser recargado? ¡Empezarán a consumir más energía! Así que siempre le decimos a nuestros participantes que miren hacia el futuro cuando diseñe su sistema de energía renovable.

Algunas cosas que debe considerar. ¿Tiene espacio para ampliar la instalación de ser necesario? Por ejemplo, digamos que su arreglo fotovoltaico ocupa todo el techo. ¿Qué pasa cuando quiera añadir paneles más tarde, pero no tiene donde ponerlos? ¿Su sistema está diseñado para ser expandible? La gente a menudo piensa, hey, voy a añadir más paneles, sin darse cuenta de que otras partes del sistema, como el controlador, el inversor, los cables y los cortacircuitos, deben ser del tamaño correspondiente. Los inversores centrales tienen un límite en la potencia que pueden producir y las baterías, la que pueden almacenar. Así que a menudo no es tan simple como añadir paneles fotovoltaicos solamente.

Para esos efectos, la planificación a largo plazo provee las herramientas necesarias para escoger, comprar e instalar equipos escalables, compatibles y expandibles. Tomar decisiones sin conocimiento lleva a pérdida de dinero en equipos que luego deben ser sustituidos para poder expandir. Sea por mala calidad, por baja eficiencia o por poco valor residual.

¡El peor error es no hacer nada, pero no tome decisiones sin planificar adecuadamente!

4. Energía renovable no es una buena inversión.

 ¡Nada más lejos de la realidad! Los sistemas de energía renovable siempre se pagan solos. Para aquellos que pagan $100 mensuales por consumo de energía eléctrica, terminan pagando

$30,000 a la autoridad de energía eléctrica en un plazo de 25 años. En el caso de los que pagan $200 mensuales, serían $60,000 en el mismo término de tiempo. Peor aún para aquellos que pagan $300 mensuales, lo que representa $90,000 en el mismo período. ¡Imagínese los de mayor consumo! Tampoco hace sentido dejar de pagarle a la utilidad, para pagarle a una compañía por servicios. ¡Eso sería dejar caminos, por veredas! Adquirir un sistema de primer orden con respaldo de baterías de litio es una inversión con retorno seguro, si toma una buena decisión informada.

Veamos el retorno de la inversión en un cliente que paga $250 mensuales a la utilidad. Si el sistema le costase $20,000, entonces $20,000 / $250= 100 meses = 6.7 años. ¡Fantástico! Un sistema bien diseñado e instalado debe pagarse solito en 6-8 años de uso. ¡El resto es ganancia y beneficios! Siempre habrá reemplazo de baterías o algún componente, pero los costos serán mínimos comparado con los gastos actuales de pago a la utilidad.

5. Tener expectativas desproporcionadas o irreales.

Si bien es cierto que podemos hacer lo que sea con energía renovable, en la mayoría de los casos, por conveniencia, debemos hacer ajustes en nuestros consumos eléctricos. Antes de hacer los cálculos finales para el diseño de un sistema, debemos desarrollar conciencia energética. No es necesario bañarse con agua fría. Pero, ¿para qué pagar tanto por calentar el agua con un calentador eléctrico, cuando podemos hacerlo gratuitamente con el sol?

No dejamos de comer, pero no es necesario cocinar con estufas eléctricas, cuyas hornillas consumen de 1,500 a 2,000 watts en promedio cada una. De igual manera para secar la ropa o el uso de otros enseres de alto consumo. De modo que es recomendable hacer ajustes, cambios de bombillas incandescentes a LED de bajo consumo, equipos de mayor eficiencia y aires acondicionados *inverters*, entre otras cosas. Imagínese que usted cambia un aire acondicionado viejo y con el nuevo tiene la oportunidad de ahorrar al menos $0.08/KWh. Si hoy cobran un promedio de $0.25/KWh, el ahorro es sustancial, un 32%. Quiere decir que si la nueva unidad tiene un costo de $700, la misma se paga en $700/$0.08= 8,750 horas de uso, lo que significaría menos de 365 días o un año encendida 24 horas al día. En otras palabras, reemplazar equipos eléctricos por nuevos de mayor eficiencia, siempre va a ser una buena inversión que se paga solita.

Si tuviéramos voluntad política en nuestro país, pudiéramos fácilmente cambiar nuestra dependencia desproporcionada del petróleo por fuentes de energía renovable. El problema es extrapolado, la autoridad pretende cambiar los contratos que paga hoy en día por combustible, por contratos a compañías productoras de energía renovable, en vez de construirlas y administrarlas. ¿Cuán complicado puede ser montar miles de paneles fotovoltaicos en terrenos baldíos? Para estas necesidades se han presentado múltiples propuestas asequibles, pero que lamentablemente han sido descartadas porque no benefician a los grandes intereses apadrinados por la clase política.

Recordemos que podemos tener un sistema pequeño de resguardo, o podemos energizar a un país entero.
¡El cielo es el límite!

6. No hacer un buen diseño del sistema.

Una vez hemos escogido el tipo de sistema de acuerdo a nuestras necesidades actuales y a largo plazo, debemos dimensionarlo correctamente. Para ello hay que tomar en consideración algunos parámetros fundamentales. Si bien es cierto que podemos utilizar el promedio de consumo mensual de nuestras facturas de energía eléctrica actual, es importante recalcar, que la misma no especifica las horas o días en los cuales esos consumos son distribuidos. De igual manera, debemos diseñar para cubrir nuestro consumo máximo.

Podemos sacar un promedio de consumo diario en base al consumo mensual mayor, pero eso no nos garantiza que todos los días consumamos la misma cantidad de energía tampoco. A lo mejor en los días de semana se consuma muy poco en comparación con los fines de semana. De la misma manera, es posible que el mayor consumo sea de noche, cuando todos llegan de sus rutinas diarias. Cada caso es particular y la planificación adecuada proveerá las herramientas para definir cada diseño adecuadamente.

Es un error común pensar que las casas grandes consumen más electricidad que las pequeñas. Depende de los equipos de cada hogar, consumos, horas de uso y varias otras características adicionales que continuaremos comentando más adelante.

7. Comprar equipos de bajo costo.

Bien está dicho, que lo barato sale caro y eso en raras ocasiones falla. No tenemos que inventarnos la rueda. Contamos con la experiencia, propia y ajena, que nos muestra cuales equipos o marcas han pasado la prueba del tiempo, desempeño y durabilidad. Es cierto que a falta de pan, galletas y podemos resolver con equipos de bajo costo en algún momento de necesidad. Pero los mismos deben ser evitados a toda costa para sistemas de uso prolongado.

Comprando equipos baratos no podemos esperar las mismas eficiencias, capacidad de programación, monitoreo, escalabilidad, garantías o productividad que los equipos de marcas reconocidas. Recordemos que estos sistemas están en nuestros hogares y la seguridad es primero. No queremos enfrentar una falla, un riesgo, cortos circuitos o incendios, debido a baja calidad de componentes o pobre instalación de nuestros sistemas.

8. *Tengo que firmar un contrato con una compañía para tener medición neta.*

En el caso de que el sistema de medición neta sea el anillo que le cae al dedo, puede hacerlo de diversas maneras. Entre ellas, contratar a un ingeniero profesional debidamente certificado que le haga la instalación de acuerdo a los parámetros en ley, sea pagando al contado o financiando con  el proveedor financiero de su predilección. Si no fuese posible por razones económicas o falta de crédito, bien puede instalarse su equipo por fases y cuando esté listo, contratar a un ingeniero electricista debidamente certificado para gestionar el proceso de integración a la red. No firme contratos de *leasing*, sea dueño, le va ahorrar mucho dinero y le permitirá vender su propiedad sin problemas en el caso de necesitar hacerlo.

Energía renovable es un gran negocio, por eso hay tantas compañías capitalizando de la necesidad, beneficios y falta de educación. Le ofrecen bonos de $1,000, incentivos federales que solo aplican a unos pocos, bonos por recomendaciones, regalan generadores eléctricos y cuantas cosas más.

¿De dónde sale ese dinero? ¡De su propio bolsillo, porque del cielo no cae!

9. Sobre pagar por la instalación.

¡Todo obrero es digno de su salario! De igual manera, no podemos ponerle precio al trabajo del otro. Para ello, es recomendable solicitar al menos tres cotizaciones por el sistema deseado y comparar precios. Es menester tener la capacidad de comparar chinas con chinas. Por lo cual hay que ser minuciosos y recordar que esto es una decisión que afectará nuestras vidas a largo plazo. ¡No tomarla es un error, pero tomarla a la ligera es peor aún!

Podemos contratar los sistemas completos, por fases, con diferentes capacidades o tecnologías, expandibles, de marcas diversas o comprar los componentes y pagar solo por la instalación. Siempre hay opciones sobre la mesa, queda en cada cual evaluarlas y tomar una decisión acertada a su conveniencia.

10. Crear un monstruo de siete cabezas.

 En muchos casos hemos visto sistemas instalados sin el conocimiento adecuado, que parecen monstruos y de la misma manera se comportan. ¡Da miedo hasta mirarlos, mucho más tratar de corregir los errores de diseño o instalación! En ocasiones hemos tenido que corregir malas instalaciones, inclusive aquellas instaladas por peritos, ingenieros o compañías que necesitan reforzar sus conocimientos y prácticas. Es vital utilizar los cables y cortacircuitos de acuerdo a la ampacidad de los circuitos, los tipos de corrientes y voltaje a su vez.

Recomendamos mantener el uso de la misma marca de componentes en tanto sea posible, porque esto provee mayor versatilidad a la hora de integración, monitoreo, compatibilidad y escalabilidad de los sistemas, entre otros beneficios. De no ser posible por alguna razón, es imperativo asegurar el desempeño adecuado y monitorear continuamente cada componente de los sistemas según sea necesario.

Al igual que con los vehículos o las computadoras, no es suficiente con tener solo piezas. Tiene que tener las partes correctas que sean compatibles entre sí, para que se puedan interconectar y comunicarse adecuadamente. Otro error común es instalar cajas de combinación inapropiadas, de tamaño incorrecto, que carecen de componentes esenciales como cortacorrientes, barras de combinación u otros elementos necesarios para una instalación segura. No instale componentes que nadie esté dispuesto a manejar, porque fue comprada en la Internet, o no haya piezas o técnicos que trabajen con ellos. ¡Evítese un dolor de cabeza!

Tome el tiempo necesario para aprender y evitar que el resultado final sea un desastre. Comience con un plan y aténgase a él. Si compra sin conocimiento, no hay garantía de que las piezas que adquiera funcionen juntas. Entonces, ¿cómo evitamos esos costosos errores? ¡Educándonos bien antes de comprar!

¡Recuerde, hay muchas cosas que pueden salir mal, aun haciendo las cosas bien!

11. Tener un sistema instalado sin entenderlo.

Por experiencia en nuestros talleres, hemos visto a cientos de participantes que tienen sistemas instalados en sus hogares, que por falta de conocimiento les presentan muchas dificultades. Algunos se dan cuenta que le instalaron sin los cables o cortacircuitos adecuados, otros no sabían que le tenían que dar mantenimiento a las baterías.

Algunos no entienden los límites de producción, mientras otros terminan pagando más por el sistema y la autoridad que antes de utilizar energía renovable. ¿Todo por qué? Porque no se educaron antes de invertir. El trabajo de un vendedor no es educarle, es vender y mientras más rápido logre el cierre, mejor. Por eso la importancia de educarse con un profesional imparcial que pueda capacitarle a su favor. Para ello Aprende Energía Renovable ofrece talleres educativos alrededor de la isla.

¡Aun si tiene un sistema instalado,
educarse es la mejor inversión!

12. No desarrollar conciencia energética.

Hay muchas razones por las que necesitamos un sistema de energía solar con resguardo de baterías, yo diría que siempre.

La mayoría de nuestros participantes piensan en el beneficio económico al eliminar la factura de la utilidad de energía eléctrica y eso es fundamental. Aun cuando usted sea un cliente de consumo moderado, decir un costo de $150 mensuales, eso representa unos $45,000 en pago a la utilidad en un lapso de 25 años. Parece poco al ver el pago mensualmente, pero es muchísimo dinero cuando lo sumamos. Reemplazar el pago de la autoridad por un pago a una compañía de energía renovable tampoco hace mucho sentido.

La bendición es que estamos viviendo en tiempos donde podemos hacer un sistema de cinco estrellas con respaldo total en baterías de litio y probablemente no pase de $25,000. Eso puede representar vivir desconectado de la red, *off-grid,* y dependiendo del caso, representa un ahorro de $20,000 o más, comparado con la utilidad o un financiamiento con una compañía de energía renovable.

¿Cómo lo hacemos? Instalando o comprando nuestro propio sistema de energía renovable. Incluso puede financiarlo con alguna cooperativa de su preferencia y pagar la mensualidad con el pago que haría de todas maneras a la utilidad, pero por una fracción del tiempo. El tener nuestro sistema representa muchos beneficios incalculables. Adiós a los apagones y fluctuaciones de voltaje y paz en tiempos de tormenta. Nos hace sentir parte de la población que estamos reduciendo nuestra huella de carbono en el planeta y aportamos a la reducción del calentamiento global.

La mayoría de las personas saben su peso, estatura, número de seguro social, tipo de sangre y muchas cosas que consideran importante. Sin embargo, al preguntarles sobre su consumo eléctrico mensual, ni idea. Por eso el pago excesivo por uso de electricidad a la utilidad, aunque eso le produzca tremendo hueco en el bolsillo y gran ansiedad.

Un gran pensador dijo que no podemos esperar resultados diferentes haciendo las mismas cosas. El mundo está cambiando aceleradamente y viene mucho más. Pronto los vehículos eléctricos dominarán el mercado y el uso excesivo de combustibles fósiles pasará a un capítulo negro de la historia.

Podemos hacer lo que deseemos con energía solar. Desde un pequeño sistema de respaldo o *back-up*, hasta sistemas industriales para aportar giga vatios a la red eléctrica. Depende de nuestra capacidad económica y voluntad para hacerlo.

Hace poco tuve a un participante en uno de nuestros talleres de energía renovable. Hace ochenta años que tienen un negocio familiar de venta de comida, muy exitoso. Mensualmente pagan más de $4,000 en la factura por electricidad. Le pregunté si habían considerado montar un sistema de energía renovable. Me dijo que le habían cotizado $300.000 por un sistema con medición neta. Añade que le pareció que era caro. Le expliqué que solamente en los últimos 25 años habían pagado a la autoridad de energía eléctrica al menos $1.2 millones por electricidad y si no hacían nada, en los próximos 25 años serían al menos $1.2 millones adicionales. ¡Allí comprendió que el peor error es no hacer nada! Probablemente puede adquirir el sistema por mucho menos dinero, contratando profesionales cualificados que le hagan el trabajo por administración, pero hay que decidir hacerlo con urgencia.

¡No hay tiempo que perder! Es recomendable entrar a energía solar con un sistema que supla todas sus necesidades energéticas. Bien diseñado e instalado siempre se paga a sí mismo. Tampoco es una carta en blanco para abusar. Se tienen que hacer ajustes de consumo que reducen el costo de un sistema solar significativamente. Cosas sencillas como reemplazar las bombillas incandescentes por bombillas LED. Sustituir la estufa eléctrica por una de gas, el calentador de resistencia a uno solar, la secadora eléctrica a una de gas y tener equipos *energy star*. Todo es importante. ¡Grano a grano la gallina se llena el buche! Las cosas se hacen en la medida que se puede y se estira el pie hasta donde llega la sabana. ¡Pero hay que tener un plan trazado y unas metas establecidas! Aun los aires acondicionados *inverter* deben ser reemplazados por algunos de mayor eficiencia, más de 20 SEER.

Este libro le va a proveer de conocimiento suficiente para progresar en su consumo energético, pero tiene que actuar hoy.

¡No deje para mañana,
lo que pueda hacer hoy!

II Conciencia energética

¡Todo es energía! La energía tiene muchas formas distintas y hay una fórmula para calcular cada una de ellas. Hablamos de la energía gravitacional, la energía potencial, la energía cinética, la energía termal, la energía elástica, la energía química, la energía nuclear, la energía de  masa, la energía de irradiación solar y la energía eléctrica que todos conocemos y valorizamos tanto. Aunque parezca inverosímil, los físicos hoy en día no tienen claro lo que es la energía. Solo saben que la energía viene en *unas cosas* con una magnitud definida. A pesar de eso, al utilizar ciertas fórmulas establecidas para calcular una magnitud determinada, no importa cuál sea el tipo de energía, milagrosamente se obtienen siempre los mismos resultados.

Se debe a la primera ley de termodinámica que establece que la energía no puede ser creada ni destruida, solo transformada. Esto es bien importante, porque un sistema solar mal diseñado va a disipar mucha energía en forma de calor o energía termal y eso no es lo queremos en nuestras casas. A pesar que no vamos a entrar en detalles muy profundos de las leyes de física, siempre necesitamos alguna base para entender la producción fotovoltaica. De todas maneras, puede hacer uso de la tabla de contenido para utilizar la sección destinada al diseño del sistema si alguna información le parece difícil de digerir.

En el planeta tenemos diversas fuentes de energía primaria. Incluye el carbón, petróleo, luz solar, viento, ríos, vegetación y uranio. Las fuentes secundarias serían el calor, electricidad o combustibles que derivamos de las fuentes primarias. No podemos olvidar que con el uso excesivo de los combustibles fósiles estamos destruyendo nuestro planeta.

¿Qué son los combustibles fósiles?

Los combustibles fósiles no son otra cosa que energía solar almacenada en energía química por millones de años y nosotros la estamos utilizando y liberando en tan solo un par de siglos de nuestra historia reciente. Estamos hablando específicamente del carbón, petróleo, gas y sus derivados.

Problemas en cuanto a la energía.

El primero es que la demanda por electricidad continúa aumentando aceleradamente y no va a disminuir. Esto se debe al crecimiento poblacional a nivel mundial y al desarrollo industrial de las potencias emergentes, como India y China. Hoy día, en Estados Unidos se utiliza aproximadamente 12,994 kWh per cápita vs 805 kWh per cápita en India y 3,927 Wh per cápita en China. ¡Imagínese el consumo energético mundial cuando la población de la India, China y los países en desarrollo igualen el consumo de electricidad per cápita de Estados Unidos! ¡Sería devastador para el planeta si lo tuviéramos que cubrir todo con combustibles fósiles!

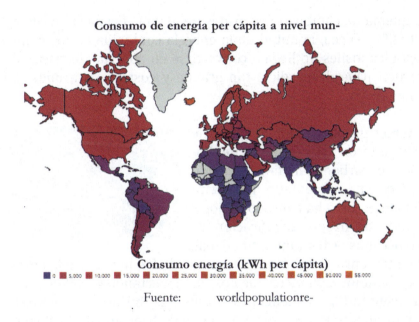

Consumo de energía per cápita a nivel mun-

Consumo energía (kWh per cápita)

0 5,000 10,000 15,000 20,000 25,000 30,000 35,000 40,000 45,000 50,000 55,000

Fuente: worldpopulationre-

La demanda solo continuará aumentando y la oferta no podrá mantenerle el paso. Aumentarán los costos, escasearán los combustibles fósiles y traerá grandes desbalances a nuestro planeta si continuamos como vamos. ¡Por eso es necesario el cambio urgente al uso de las energías renovables!

El segundo problema es que el mundo depende de los combustibles fósiles desproporcionadamente. Tanta es la demanda por los combustibles fósiles, que se están utilizando métodos no tradicionales como fracturación en Estados Unidos, extracción de petróleo de las arenas en Canadá y perforaciones mega profundas en los océanos, como nunca antes imaginado. Y cuando hay un derrame en el océano utilizan espumas de aspersión para diluir el hidrocarburo en las aguas marinas, siendo esto un desastre ecológico de mayores proporciones, aunque a simple vista pareciera haber diseminado las moléculas del petróleo en el agua.

La quema de combustibles fósiles tiene una eficiencia de cerca del 50%. O sea, la mitad de la energía contenida en los combustibles fósiles no llega a convertirse en energía eléctrica, se pierde. ¡Qué desperdicio tan grande y costoso para nuestro planeta!

El tercer problema son los gases de invernadero. Las emisiones de dióxido de carbono, metano y óxido nítrico han aumentado insosteniblemente. Esto ha causado daños a la capa de ozono, acidificación de los océanos, calentamiento global,  derretimiento de los polos, elevación de los niveles de los mares y cambios climáticos que nos están afectando grandemente. La magnitud y frecuencia de tormentas, huracanes, sequías, inundaciones y tornados, nos impacta directamente y tienen un costo en detrimento a la sociedad.

Para atender la necesidad global de demanda por electricidad, sabiendo que la entrada de los vehículos eléctricos va a exacerbarla, debemos considerar las opciones disponibles para evitar daños mayores a nuestro planeta. La entrada de los vehículos eléctricos va a disparar la demanda energética aún más y si no producimos esa energía con fuentes renovables, estaremos haciendo más mal que bien.

Solución a los problemas de energía

La solución a corto, mediano y largo plazo es el aumento drástico en el uso de las energías renovables, tales como la energía hidroeléctrica, la energía eólica y la energía solar, pues pueden suplir la demanda global actual y venidera. Estos tres tipos de energías renovables son ramas de un mismo árbol. Hay más fuentes renovables, pero nos limitaremos a reseñar solo éstas.

La energía hidroeléctrica utiliza la energía potencial almacenada en el agua para transformarla en energía eléctrica, utilizando turbinas hidráulicas, generalmente instaladas en represas construidas alrededor del mundo.

La energía eólica utiliza la energía cinética del viento para transformarla en energía mecánica en turbinas eólicas que a su vez la trasforman en energía eléctrica, sin emisiones de gases de invernadero.

La energía solar, la fuente de las fuentes, es el enfoque de este libro. Es un mundo maravilloso de prácticamente energía infinita con respecto a nuestra corta vida. Se puede colectar energía termal, energía de irradiación fotovoltaica y hasta almacenarla en [1]celdas combustible. Durante el trascurso del libro, nos enfocaremos en la producción fotovoltaica, más que suficiente para satisfacer la demanda energética actual y futura de nuestra sociedad. Una de las verdaderas bondades de la energía solar es que la podemos transformar directamente a ener-

---

[1] Es una celda electroquímica que convierte la energía química de un combustible (a menudo hidrógeno) y un agente oxidante (a menudo oxígeno) en electricidad.

gía eléctrica con el uso de paneles fotovoltaicos, disponibles a precios bajos para toda la población. Como parte de la conciencia energética debemos entender cuáles son nuestros requerimientos y consumos ya que muchas veces utilizamos más energía de la que necesitamos para lograr un objetivo. Tomemos por ejemplo la iluminación de nuestra casa o propiedades. El uso de bombillas incandescentes, halógeno o CFL son cosa del pasado. Podemos alumbrarnos mejor con nuevas tecnologías de bombillas LED y son más duraderas.

¿Cuánto cuesta tener 4 bombillas encendidas por 4 horas diarias durante un año?

Fuente: GE	Fuente: FEIT	Fuente: CREE
Incandescente	CFL	LED
• 1015 lumens	• 1600 lumens	• 1600 lumens
• 2,000 hrs	• 10,000 hrs	• 25,000 hrs
• 100 W	• 23 W	• 15 W
• Costo de operar 4 horas por día durante un año **$36.50**	• Costo de operar 4 horas por día durante un año **$8.40**	• Costo de operar 4 horas por día durante un año **$5.48**

Nuestro costo facturado por la utilidad eléctrica en Puerto Rico es en promedio $0.25/kWh de consumo. Podemos tener el siguiente escenario con bombillas de 100 watts o el equivalente.

-Cálculo del costo de operar 1 bombilla 4 horas diarias durante un año.

- **Incandescente**.
  (0.1 kW)(4 hrs)(365 días)($0.25/kWh)= $36.50
- **CFL**
  (0.023 kW)(4 hrs)(365 días)($0.25/kWh)= $8.40

- **LED**
  (0.015 kW)(4 hrs)(365 días)($0.25/kWh)= **$5.48**

Como podemos ver, el costo de operación de las bombillas LED es mucho más económico, duran más tiempo y la iluminación es de primera calidad. Eso justifica el costo ligeramente mayor por bombilla. Es por eso que debe reemplazar todas sus bombillas por tecnología LED y de esa forma ahorrar mucho en su consumo eléctrico. A su vez se reduce la magnitud del sistema fotovoltaico que necesitará para cubrir su consumo eléctrico.

La importancia de tener equipos de alta eficiencia

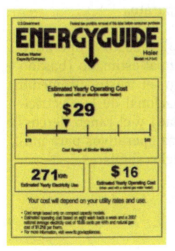

La Comisión Federal de Comercio en Estados Unidos establece unas guías para definir el consumo eléctrico de todos los electrodomésticos. Se llama la etiqueta de *Energy Guide*.

Cuanta menos energía consuma un electrodoméstico, como un abanico, nevera o televisor, menor será su costo de funcionamiento, lo que significa ahorros para su bolsillo. La etiqueta *Energy Guide* es ese rótulo de color amarillo que aparece pegado en la mayoría de los electrodomésticos y le indica cuánta energía consume ese aparato.

Es importante entender que si no tenemos equipos de alta eficiencia, con logo de ENERGY STAR®, deberíamos reemplazarlos por aquellos que cuenten con ella, aunque estén operando bien. De no hacerlo, el costo de operación siempre producirá altas facturas eléctricas innecesariamente.

Entendiendo la etiqueta de Energy Guide

Veamos una etiqueta *Energy Guide* y lo que debemos saber al momento de comprar.

Fuente: US Department of Energy

① Características clave del aparato y modelos similares que componen el rango de comparación de costos.

② Fabricante, número de modelo y tamaño del aparato.

③ Costo operativo anual estimado (basado en el costo promedio nacional de la electricidad) y el rango de costos operativos para modelos similares.

④ Consumo eléctrico anual estimado.

⑤ El logotipo de ENERGY STAR® indica que este modelo cumple con criterios estrictos de eficiencia energética.

Ya que hemos visto las partes de una etiqueta de Energy Guide, podemos entender que hay equipos que vale la pena comprar, aunque sean más costosos, porque su coste de operación representa un ahorro sustancial en consumo eléctrico. A continuación vamos a compartir un ejemplo de un caso real que me sucedió en mi casa.

Veamos.

¿Vale la pena cambiar un aire acondicionado de baja eficiencia?

Hace unos meses atrás, tenía varios aires acondicionados encendidos y me dio curiosidad por medir el consumo eléctrico de cada uno. Tomé el amperímetro, y medimos la corriente que cada aire acondicionado estaba utilizando. A pesar de que en nuestro hogar tenemos energía solar, los consumos continúan siendo igual de importante o mayor que si utilizásemos la red.

La casa es de dos plantas. En ese momento estaba encendido el aire acondicionado *inverter* de 24,000 BTU de 20 SEER en la habitación principal, cuyo techo está expuesto al sol. A su vez, estaba encendido un aire acondicionado *inverter* de 12,000 BTU de 16 SEER en la planta baja, donde el sol no le afecta directamente. Para mi sorpresa, el aire de 24 kBTU estaba consumiendo 2.1 A por línea, [²*Potencia* $= 2.1A \times 2 \times 120V =$ **504 W**], mientras que el de 12 kBTU estaba consumiendo 3 A por línea, [*Potencia* $= 3A \times 2 \times 120V =$ **720 W**].

---

² Potencia (W) = Corriente (A) x Voltaje (V)

¿Y eso?

Ciertamente me sorprendió y causó incomodidad. ¿Cómo es posible que el aire acondicionado más grande y expuesto a más calor esté consumiendo menos electricidad?

Es que al ser de mayor eficiencia, modula más rápido y se mantiene consumiendo menos energía. Por lo que tomamos la decisión de reemplazar el aire *inverter* de 12,000 BTU por uno de mayor eficiencia.

-Veamos si vale la pena la inversión.

Actualmente un aire *inverter* de 12,000 BTU de 16 SEER cuesta cerca de $500. Uno de mayor eficiencia, decir 12,000 BTU de 23 SEER, cuesta cerca de $800. Ciertamente más costoso, casi el doble. Al cambiarlo, tendremos un ahorro aproximado de un 30% en energía.

Entonces,

¿En cuánto tiempo se paga la unidad con el ahorro?

$$tiempo = \frac{\$800 \text{ (costo unidad)}}{(30\% \times \$0.25 \text{ kWh de ahorro})} = 10,666 \text{ hrs de uso}$$

$$tiempo = \frac{10,666 \text{ hrs de uso}}{\left(24 \frac{\text{hrs}}{\text{día}}\right) 30 \frac{\text{día}}{\text{mes}}} = \textbf{14.8 meses de uso}$$

En menos de 15 meses de uso la unidad nueva se paga solita con el ahorro de 30 % en consumo eléctrico. El resto del tiempo, luego de los 15 meses de uso, nos produce una ganancia en ahorro del 30% del costo del *KWh* consumido. ¡Es maravilloso! O sea, no solo tiene un aire acondicionado nuevo y el ahorro del consu-

mo que le paga el equipo, sino que después que se salda a sí mismo, le produce ganancia en ahorros.

¡No espere para cambiar los equipos que le están consumiendo energía eléctrica en exceso, porque le está costando dinero cada día!

Comparación del costo por consumo de una estufa eléctrica vs una de gas x año.

Fuente (Ilustración): COSTCO

Una estufa eléctrica tiene por lo general 4 hornillas. La grande consume 2,000 W y la pequeña 1,500 W en promedio. Generalmente utilizamos tres hornillas simultáneamente para cocinar (*5,500W*), tres veces al día. Consideremos que utilizamos las tres hornillas, dos grandes y una pequeña, durante 2 horas diarias promedio. *Es más tiempo por lo general.*

Tendríamos un costo anual por consumo eléctrico de:

$$Costo\ anual = \left(2\ \frac{horas}{día}\right)(5.5\ \text{kW})\left(\frac{365\ días}{año}\right)\left(\frac{\$0.25}{\text{kWh}}\right) =$$

$$= \$1,003.75/año$$

Considerando la estufa de gas, estimando un consumo de gas de dos pipotes de 100 libras por año @ $90 c/u, representa un costo de ≈ **$180/año**.

Dígame usted si es mejor un consumo con una estufa de gas de aproximadamente $180 por año vs el consumo de la estufa eléctrica de aproximadamente $1,000 por año. Si fuera yo, saldría corriendo a reemplazar mi estufa, sabiendo que cada comida posiblemente me está costando 4 veces más por cocinarla. En menos de un año recobramos el costo de la estufa nueva si cuesta $800 o menos.

¿Podemos calcular el costo de los consumos eléctricos?

Fuente: Hamilton Beach

Un microondas como este de la ilustración, de 1.1 ft³, puede tener un poder de cocción de 1,000 W, escrito grande en el interior de la puerta, pero consumir 1,500 W para operar.

Parece ser un consumo alto, pero normalmente se utiliza por unos pocos minutos y no es mucho el uso de energía. ¡Veamos!

-¿Cuánto cuesta calentar una taza de café por un minuto en un microondas?

Consumo _1,500 W._ **Costo energía** _$0.25/kWh_. **Tiempo** _1 minuto_.

$$\text{Costo} = (1.5\ kW)(1\ min)\frac{1\ hr}{60\ min}\left(\frac{\$0.25}{kWh}\right) = \$0.006$$

No hay que ponerse triste, calentar una taza de café por un minuto en el microondas no cuesta ni un centavo en consumo eléctrico.

-¿Cuánto cuesta hacer unas papitas fritas en un air fryer?

Consumo _1,500 W._ **Costo energía** _$0.25/kWh_. **Tiempo** _15 mins_.

$$\text{Costo} = (1.5\ kW)(15\ min)\frac{1\ hr}{60\ min}\left(\frac{\$0.25}{kWh}\right) = \$0.09$$

Fuente: Gourmia

Puede tomar ventaja de los beneficios de freír sin aceite. El air fryer, consumiendo 1,500 W, hace unas papitas fritas exquisitas y saludables en tan solo 15 minutos y eso cuesta apenas unos 9 centavos en energía eléctrica. Solo debe considerar ese consumo al momento de hacer los cálculos para su inversor de corriente.

Futuro de la energía renovable

Ciertamente el uso de las energías reno-
vables ha llegado para quedarse. La nece-
sidad obliga y es madre de la invención.
En los últimos años hemos visto un crecimiento exponencial en el uso de la energía
solar, eólica, hidráulica, termal y muchas otras formas. La industria está trabajando incansablemente en el desarrollo de
nuevas tecnologías para aumentar las eficiencias de los sistemas, aumentar la longevidad, reducir costos y efectos dañinos
al medio ambiente.

 El mercado de vehículos eléctricos continúa
creciendo a un ritmo acelerado y se espera
que sobrepase la producción de energía renovable muy pronto. Esto puede representar
un uso mayor de combustibles fósiles para
que las redes eléctricas puedan suplir la demanda energética
que requieren millones de automóviles eléctricos en nuestras
calles. La energía renovable es espectacular, pero es necesario
entender que si no se hace uso balanceado con los combustibles fósiles, puede ser peor el remedio que la enfermedad.

Aun en nuestras instalaciones residenciales desconectadas de
la red necesitamos gas propano para nuestras estufas y algunos otros artefactos que así lo requieran, como aquellos usuarios que utilizan calentadores o secadoras de gas y sistemas de
calefacción. Decir que llegaremos a 100% de independencia de

 los combustibles fósiles es irri-
sorio por el momento, pero po-
demos reducir nuestra huella de
carbono si todos aportamos
nuestro granito de arena.

Fuente: Jessica Rinaldi/The Boston
Globe Via Getty

No solamente tenemos que hacer los ajustes pertinentes y

cambiar a energía renovable, sino que tenemos que hacerlo con prudencia. Debemos hacer instalaciones seguras y duraderas. Es necesario considerar el reúso y reciclaje de todos los componentes de nuestros sistemas fotovoltaicos, en especial los paneles solares. En Puerto Rico vimos los estragos que hizo el huracán María en la finca solar de Humacao, donde en cuestión de horas se perdieron más de 10,000 paneles fotovoltaicos. *¿Y a donde va esa basura?*

Alrededor del mundo se están instalando millones de paneles y baterías, que si no se hace una disposición adecuada al llegar el término de su vida útil, lamentablemente terminaremos haciendo más mal que bien a nuestro planeta. Uno de los problemas principales es el alto costo de reciclar un panel y el poco retorno sobre la inversión. Lamentablemente hoy día reciclar un panel fotovoltaico cuesta, no paga.

Seamos embajadores de un mejor planeta. Utilizar energías renovables es una gran inversión en términos económicos, hagamos que ese trueque sea rentable para nuestro medio ambiente a largo plazo. Que nuestra generación sea recordada como aquella que hizo los ajustes necesarios para salvar al planeta y que los anales de la historia exalten nuestros esfuerzos por la humanidad.

III Sistemas de energía renovable

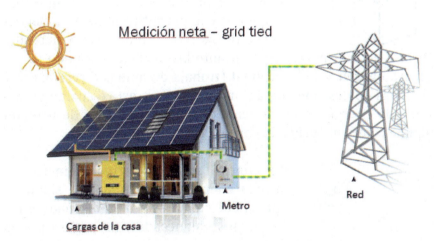

Medición neta – grid tied

Cargas de la casa

Metro

Red

Fuente (Idioma modificado): React Laboratories

Hablando en forma general, existen dos tipos de sistemas de energía renovable: conectados a la red y desconectados de la red. En realidad, la mayoría de la gente está buscando un sistema solar desconectado de la red, de lo cual hablaremos más adelante.

Sistema fotovoltaico conectado a la red con medición neta

El sistema interconectado a la red con medición neta depende de la red eléctrica para operar. Este tipo de sistemas requiere ser diseñado, instalado y certificado por un ingeniero electricista o profesional cualificado en su localidad. Se pacta un contrato con la utilidad donde el excedente de la producción solar pasa a la línea de distribución como un crédito a la factura. Es como si los cables de la autoridad se constituyeran en sus baterías.

La compañía de servicios eléctricos le dará crédito por la energía extra que su sistema esté produciendo y exportando hacia la red y le permitirá utilizar la electricidad de la red cuando así lo necesite. Diríase en días nublados y durante las noches. Para ello se requiere un metro bidireccional (trabaja en ambas direcciones) y sistemas de desconexión automáticos. Para este o cualquier sistema de energía solar, no es necesario un contrato de uso con alguna compañía privada, pero si con la utilidad.

La energía solar le permite generar su propia energía eléctrica, lo que significa, que si el sistema está bien diseñado y los consumos balanceados, no pagará por la energía de la red, solo el mínimo obligado, hasta ahora $4 mensuales en nuestro país. En muchos casos, la gente asume que es un cheque en blanco para consumo ilimitado de electricidad, pero eso no es correcto. La realidad es, que si la persona se excede del consumo de la electricidad producida, termina pagando por el sistema, más la diferencia del consumo a la autoridad de energía eléctrica. En esos casos, muy comunes para nuestro gusto, el cliente termina pagando más por el arreglo actual que cuando no utilizaba energía renovable.

¿Conviene o no conviene un sistema de medición neta?

En muchos casos sí, en otros no es necesario. Es recomendable en residencias de alto consumo eléctrico, comercios e industrias. Eso sí, con dos condiciones fundamentales. **Primero**, siempre tenga resguardo de baterías, al menos para correr las cargas críticas en caso de apagones o interrupciones del servicio eléctrico. Estos sistemas interconectados a la red, aunque sea de día y esté soleado, por ley, en caso de interrupción del sistema eléctrico, se van a apagar y desconectar para evitar alimentar las líneas y electrocutar a algún trabajador o ciudadano. Basta con poner baterías para contrarrestar esta vulnerabilidad.

Segundo, sea dueño de su propio sistema. Este tipo de arreglo permite ahorros sustanciales al no depender de baterías para operar, mientras haya servicio eléctrico de la utilidad. Las baterías que usted instale estarán en modo de espera o *standby* para ser utilizadas solo en la ausencia del servicio eléctrico de la utilidad. Esto permite el diseño de un banco de baterías más pequeño, solo para pasar el apagón. A su vez las baterías duran más tiempo porque no se usan mucho y se mantienen cargadas.

Estamos en un tiempo de grandes avances tecnológicos y hay equipos que puede adquirir sin baterías inicialmente y luego añadirlas cuando sea posible hacerlo.

¿Sabía usted que...?

Puede utilizar ciertos equipos diseñados para conectarse directamente a los paneles fotovoltaicos. Tales como bombas de agua, fuentes de jardín, abanicos dc, pantallas de iluminación y muchos otros artefactos DC que pueden operar mientras haya luz solar.

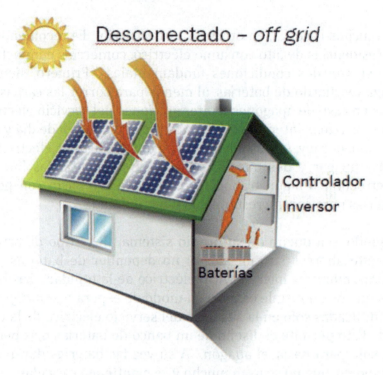

Fuente (Idioma modificado): Big Dog Solar

Sistema fotovoltaico desconectado de la red, off-grid

El segundo sistema es aquel que está desconectado de la red u *off-grid*. Este es el que vamos a estar desarrollando en este libro. Se puede subdividir en dos. Aquel donde se produce toda la energía requerida y otro en el que solo se produce parte de la misma.

La gente asume que esto significa que se saldrán de la red por completo. ¡No necesariamente! Puede mantener el servicio de la utilidad sin usarlo, no tiene que cortar el cable o solicitar desconexión del servicio. De igual manera puede utilizarlo bajo sus propios términos cuando considere necesario, como para utilizar la máquina de soldar u otras cargas que no nos gusta tirarle a nuestras baterías. De todas maneras, una verdadera aplicación fuera de la red no tiene acceso a las líneas de electricidad, lo que significa que se necesita otro método para almacenar la energía. Eso es cierto para lugares remotos donde no hay líneas eléctricas, tales como residencias, cabañas, sistemas de bombeo y otros. Aquí es fundamental el almacenamiento total de la energía producida.

Las baterías son costosas y en un sistema desconectado no tenemos la opción de almacenar energía en la red. El almacenamiento de energía es obligatorio para los sistemas desconectados y es absolutamente necesario en nuestro país, debido a la inconsistencia del suministro eléctrico.

Por lo cual las baterías son recomendadas en aplicaciones de menor consumo, si deseamos independencia energética o para circuitos de cargas críticas, siendo estas las de vital importancia en casos de interrupciones del suministro de electricidad. Diríase, la nevera, algunas luces, abanico, computadora y las consideradas por cada cual. Eso varía en cada caso. Siendo que las baterías son caras, probablemente no  todos puedan costearlas al momento. Cabe recordar, que a pesar de su alto costo, siempre se van a pagar a sí mismas y ofrecen un buen retorno sobre la inversión.

Las ventajas de tener baterías son palpables. Si tenemos un banco de energía, cuando hay un apagón no sufrimos las consecuencias del mismo, al menos no en la misma magnitud que aquellos que no se han preparado adecuadamente. Algunos de los beneficios son: la continuidad del servicio eléctrico, la ausencia de fluctuaciones de voltaje, suministro a las cargas críticas, paz y seguridad. Eso sin considerar que muchos de nuestros participantes vienen en busca de sistemas con resguardo de baterías porque tienen la necesidad de asegurar energía para un respirador artificial u otro equipo vital.

Tomando en consideración el costo de un sistema desconectado, debido al precio de las baterías, no todos consideran hacerlo para suplir la totalidad de su consumo. Eso no significa que no va a hacer nada o que necesita un sistema de medición neta obligatoriamente. Allí entra la próxima opción que muchos disfrutamos, el **sistema combinado.** En este caso, utilizamos lo que podamos producir con energía renovable y suplimos el resto con la utilidad o con un generador eléctrico.

¡Recuerde, algo es mejor que nada!

-Aplicaciones de un sistema desconectado de la red (off- grid)

En la sección anterior pudimos ver los tipos de sistemas de energía renovable, de los cuales nos vamos a enfocar en el sistema desconectado de la red de ahora en adelante. Para efecto de calcular el tamaño de los sistemas, los cálculos son iguales. Lo que cambia es que en un sistema desconectado necesita baterías obligatoriamente y en un sistema con medición neta es opcional. Pero a la hora de la verdad, la energía que necesita colectar es la que necesita para suplir su consumo y eso en uno u otro sistema no cambia.

En los sistemas desconectados podemos incluir aquellos de reserva o *backup*, los vehículos de acampar o recreacionales, botes, los puestos de comidas ambulantes, los sistemas remotos de bombeo y todos aquellos que no requieren de la red eléctrica para operar. Inclusive aquellos sistemas pequeños que no requieren baterías, como bombeo de jardín, fuentes, abanicos, bombas de aire de peceras y otros.

Fuente: Gizaa Power Solutions

Antes se consideraban para cabañas y casas de muy bajos consumos, pero los bajos precios actuales permiten que cualquiera

con los recursos pueda producir su propio consumo eléctrico y desconectarse de la red. Estamos viviendo tiempos sin precedentes y hay que aprovechar y montarse en la ola del cambio.

-Beneficios de sistemas desconectados a la red

Hemos mencionados algunos y pudieran ser muchos más, pero queremos señalar los que consideramos más importante en estos tiempos.

1. Ahorros

El bajo costo de los paneles fotovoltaicos que estamos viendo en el 2021 permite reemplazar nuestra producción energética por un costo menor al recibido por la autoridad de energía eléctrica. A su vez, la accesibilidad a bancos de baterías a costos viables permite tener nuestro sistema de reserva de energía para las noches y días nublados o días de menos producción fotovoltaica.

Por otro lado, los costos de la energía producida con combustibles fósiles continúan en un aumento imparable. Producir energía continuamente con generadores de electricidad tampoco es alternativa, salvo en casos de emergencia.

Estamos hablando que hacemos una inversión en un buen sistema de energía renovable con baterías, preferiblemente de *LiFe-PO4*, que nos va a producir energía por 20 años o más, y se debe saldar en menos de 10 años. Estaremos hablando de las baterías más adelante.

*¡Un sistema bien diseñado e instalado siempre
se paga a si mismo!*

2. Independencia energética

¿A quién no le gusta sentirse libre y auto-suficiente? No hay palabras para describir la impotencia que se experimenta al ver los recursos del pueblo despilfarrarse en una utilidad eléctrica, que a pesar de ser un monopolio, opera con pérdidas inexplicables. Para colmo, los costos se transfieren a quien menos culpa tiene, los consumidores.

Por lo tanto, el valor de la independencia energética no se puede cuantificar. Adiós a las altas facturas, a la incertidumbre de un sistema eléctrico volátil, adiós a los apagones, a las filas de las gasolineras, a las desveladas cuando se va la luz y los malos ratos por daños en equipos o pérdida del contenido del refrigerador.

¡Es tiempo de libertad energética!

3. Operación estable y silenciosa

Creo que todos hemos experimentado la necesidad de un generador eléctrico. Especialmente como consecuencia de los daños provocados por el huracán María en el 2017, donde el 100% de la red eléctrica en nuestro país colapsó por varios meses.

Los generadores eléctricos, su costo operacional y contaminación, nos afectaron a unos más que a otros. En mi pueblo de Rio Grande estuvimos 5 meses sin electricidad de la red, algo realmente agobiante para aquellos que no contaban con fuentes alternas de electricidad. Por más que se intenta educar al pueblo, siempre hubo quien perdiera la vida a causa del monóxido de carbono que emitía su generador o algún incendio provocado por los equipos.

¡Prepárese hoy y no tendrá necesidad mañana!

4. Reducción de su huella de carbono

Los días están contados para los combustibles fósiles y su contaminación ambiental. Ciertamente tomará un poco de tiempo aun, pero el uso de la energía renovable a gran escala vino para quedarse. Continuará la construcción de plantas solares, parques eólicos y vehículos eléctricos. Donde quiera que mire verá techos solares y una mayor generación solar ayudará a disminuir los gases de invernadero. Usted también puede producir electricidad sin emisión de gases tóxicos ni contaminación ambiental. Mientras más rápido haga el cambio a la energía solar, más pronto podrá disfrutar de estos beneficios.

5. Electricidad portable

Cada día vemos mayor uso de la energía solar en los llamados *food trucks,* añadiéndose a los vehículos recreativos que utilizan electricidad solar para su disfrute personal. En este caso se evitan los altos costos de las facturas comerciales de electricidad, aún más caras que las residenciales. Puede disfrutar desde la producción de un panel para cargas menores, hasta sistemas similares a los residenciales, pero ubicados en vehículos que los llevan consigo donde quiera sea su destino.

Retos para el uso de energía solar

Como hemos mencionado anteriormente, tener un sistema de energía solar nos cambia la vida para bien. No tenemos que empeñar nuestros ingresos por 25 años para lograrlo. Si está leyendo esta literatura va por la ruta correcta, porque quien lee se instruye y el conocimiento es poder.

1. Costos iniciales

Posiblemente es el parámetro más importante para la mayoría de las personas. En nuestro país hay cerca de 1.5 millones de clientes de la AEE. Hasta el presente hay cerca de 50,000 clientes con sistemas de medición neta operando y más de 6,000 con sistemas instalados  esperando a que LUMA apruebe los permisos de medición neta. Se están añadiendo cerca de 1,200 nuevos clientes mensualmente a sistemas de medición neta, la mayoría sin educarse antes de invertir o firmar contratos.

La red actualmente aguanta hasta un 15% de suscriptores de medición neta (variando), debido a las altas corrientes que se producen. Se están haciendo los ajustes en la red para que este número pueda aumentar. Esto es suficiente para ayudar a estabilizar la red y beneficiar a la utilidad tanto como se benefician los consumidores. Lamentablemente la utilidad no mantiene un inventario adecuado de metros bidireccionales o la pronta instalación de ellos.

Estos números de nuevos usuarios de energía renovable continuarán aumentando, pero sigue siendo una fracción mínima del mercado actual. Hay una pequeña cantidad de clientes desconectados de la red y muchos otros con sistemas combinados, pero estos son más difíciles de contabilizar.

De una forma u otra, tener un sistema de energía renovable requiere una inversión inicial considerable. Lo bueno es que debe ofrecerle 100% de retorno en menos de 10 años y luego la producción es toda ganancia. Es un negocio redondo para todo aquel que tome la decisión de hacer el cambio. Hay formas de financiamiento disponibles con bajos intereses. También podemos diseñar sistemas modulares que podemos expandir según sean nuestras capacidades económicas. No hay excusas, querer es poder.

2. Limitaciones de espacio

Hay casos, los menos en realidad, donde no cuentan con el espacio para generar todo su consumo con paneles fotovoltaicos, como aquellos que viven en apartamentos o casas con poca área disponible en sus techos o patios. En tal caso, debemos considerar sistemas de resguardo de baterías, al menos para las cargas críticas. También se pueden crear cooperativas o micro-redes para suplir al edificio o comunidad y dividirse los costos.

Pero la súper mayoría, incluyendo el gobierno, tienen espacio suficiente para producir su propia energía y de sobra. Debemos recordar que la producción solar es por unidad de área y necesitamos tanto espacio disponible como sea nuestra necesidad energética.

3. Disponibilidad de energía

A Dios gracias porque vivimos en el trópico y nuestra producción solar es de las mejores en el mundo. Contamos con 5.5 horas de irradiación solar prácticamente a lo largo de todas las estaciones del año, suficiente para producir toda la energía eléctrica que necesitamos. Inclusive para los vehículos en movimiento, aunque los paneles no estén instalados al nivel óptimo de captación.

La energía está allí perdiéndose,
¿por qué no colectarla y utilizarla?

4. Falta de conocimiento

Esta es otra área donde hemos progresado mucho en nuestra isla. Nuestros talleres de Aprende Energía Renovable se ofrecen alrededor de la isla y están disponibles para electricistas, ingenieros y gente de a pie. Hemos beneficiado a miles de participantes y estamos ayudando a generar conciencia energética en la población general. Excusas siempre habrá para no hacer cambios, pero las razones que lo ameritan están siempre presente.

Sabemos que el tema de energía renovable puede ser confuso y estresante para muchos. La enorme cantidad de ofertas y promociones puede producir agotamiento mental y frustración. Es nuestra intención descomponer los temas en tópicos simples y fáciles de manejar. En este libro se trabajan todos los componentes de un sistema renovable por separado y al final unimos todo el conocimiento para diseñar un sistema fotovoltaico desde la A hasta la Z, En adición se trabajará el diseño de un sistema de resguardo de emergencias o de *backup*.

¡El componente más económico de un sistema de energía renovable es la educación y con los ahorros se paga solita!

¿Cómo funciona un sistema de energía renovable desconectado de la red?

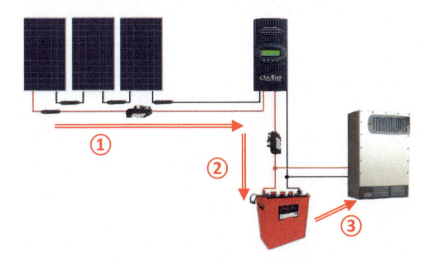

El funcionamiento de un sistema de energía fotovoltaica es sencillo en principio.

① Se colecta la energía solar con el arreglo fotovoltaico, según las necesidades de energía de la instalación. Los paneles fotovoltaicos producen corriente directa, DC.

② La corriente directa DC fluye hacia el controlador de carga el cual alimenta las baterías de forma controlada.

③ La corriente de las baterías es corriente directa DC y necesitamos un inversor de corriente para transformarla a corriente alterna AC que podemos utilizar en nuestras instalaciones.

IV Principios de electricidad

La electricidad es un fenómeno que para muchos es un misterio que no se ve, pero se puede cuantificar, predecir, definir y utilizar a nuestra conveniencia. El propósito fundamental de tener un sistema de energía renovable solar es producir, almacenar y utilizar la electricidad que necesitamos. Para entender lo básico de la misma, nos embarcaremos en el estudio de algunos de los parámetros fundamentales que la definen. Vamos a considerar el voltaje, la corriente, la polaridad, la potencia, la energía, tipos de corrientes, circuitos eléctricos y algunas características adicionales. *¡Abróchese el cinturón que comenzamos!*

¿Qué es la electricidad?

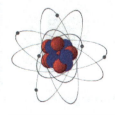

La electricidad es definida como el conjunto de fenómenos físicos relacionados con la presencia y flujo de cargas eléctricas. Se manifiesta en una gran variedad de fenómenos naturales o creados, como los relámpagos,

51

la electricidad estática, la inducción electromagnética o el flujo de corriente eléctrica. Entenderla propiamente requiere ir a nivel atómico, en la descripción de los electrones. Eso sería más profundo de lo que necesitamos para nuestro propósito actual. Vamos a dejarle esa asignación a los físicos y científicos.

Podemos comparar la electricidad con algo que podemos ver y estamos familiarizados, como el agua. ¡Hagamos eso con cada concepto y veamos!

Fuente: Eaton

Nos corresponde comenzar con lo que es el **Voltaje**, conocido también como presión o tensión eléctrica o fuerza electromotriz. Podríamos decir que el voltaje es la fuerza que produce un flujo de electrones o empuja la corriente, produciendo electricidad. Es un cambio de potencial que está esperando ser utilizado para producir un movimiento de cargas.

Al ver un grifo de agua cerrado no podemos decir que no hay agua, aunque no se vea ningún flujo. En realidad hay una presión empujando el agua en espera para fluir cuando se abra la pluma.

Algo así es el voltaje en un circuito o receptáculo eléctrico. Hay una presión eléctrica, medida en **voltios**, disponible para empujar los electrones cuando se cierre el circuito.

Cuando abrimos la llave de agua y hay presión hidráulica, se

¿Sabía usted que...?

La unidad de voltio se nombró en honor a Alessandro Volta, científico italiano quien inventó la primera batería o pila eléctrica en los 1800.

produce un flujo de agua por la manguera. La podemos controlar con un interruptor, en este caso un pistero o el grifo o llave de paso.

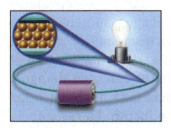

De igual manera, cuando cerramos un circuito eléctrico, por decir, cuando conectamos una lámpara a un receptáculo, si hay una presión eléctrica, un voltaje adecuado, se produce un flujo de electrones por un cable o conductor para encender la misma.

Fuente: aziza- physics.com

A ese flujo de electrones le llamamos **Corriente Eléctrica** y la medimos en **amperios**. Es un fenómeno curioso de electricidad y lo hemos visto en la naturaleza por siglos, aunque no existía el conocimiento y la tecnología para cuantificarlo, controlarlo o utilizarlo adecuadamente Recientemente se ha medido que la anguila eléctrica del Amazonas puede producir 860 voltios y 1 amperio de corriente.

Fuente: Arte de pesca

¡No está fácil coger un fuetazo así, aunque por ser muy breve no represente peligro mortal para un adulto saludable! Por otro lado, un rayo eléctrico puede tener miles de voltios y amperios y ese si puede mandarnos a dormir la siesta de los santos.

¿Sabía usted que...?

Un amperio es la unidad de corriente y es igual a 1 culombio por segundo. Un culombio son 6.24×10^{18} electrones. O sea, en un circuito eléctrico donde fluye 1 A de corriente, están pasando 6.24 quintillones de electrones cada segundo.

¡Por eso pica tanto!

¿Qué es la resistencia?

Otro concepto importante en la electricidad es la **resistencia**, la cual medimos en Ω, **ohmios**. Tomando en consideración el ejemplo del agua, aumentamos la resistencia al abrir menos el grifo, al reducir el diámetro, al aumentar la longitud de la manguera o al usar un pistero. En estos casos, sale menos cantidad de agua. Similarmente en electricidad la resistencia está asociada a las características del circuito y al cable o conductor. La resistencia depende del material del cable, de su diámetro, longitud y algunas características adicionales. En resumen, la **resistencia** es la oposición al flujo de electrones o corriente eléctrica y produce pérdida de corriente.

¿Qué es la ley de Ohm?

Hemos mencionado tres conceptos de la Ley de Ohm que están relacionados entre sí con unas ecuaciones algebraicas muy sencillas. Puede ser que usted nunca tenga que utilizarlas, pero es beneficioso tener algo de conocimiento fundamental. Conociendo dos de las incógnitas podemos obtener la tercera.

V = Voltaje medido en voltios (V)

I = Corriente medida en amperios (A)

R = Resistencia medida en ohmios (Ω)

Voltaje = Corriente x Resistencia ➡ $V = I \times R$

Corriente = Voltaje ÷ Resistencia ➡ $I = V \div R$

Resistencia = Voltaje ÷ Corriente ➡ $R = V \div I$

¿Qué es potencia?

Cuando hablamos de corriente eléctrica, tenemos que entender el término potencia o *power*. La potencia es una razón o medida instantánea de energía, medida en vatios o **watts**.

V = Voltaje medido en voltios (V)

I = Corriente medida en amperios (A)

P = Potencia medida en watts (W)

Potencia = Voltaje x Corriente ➡ $P = V \times I$

Voltaje = Potencia ÷ Corriente ➡ $V = P \div I$

Corriente = Potencia ÷ Voltaje ➡ $I = P \div V$

Conviene entender esta unidad a la perfección.

Consideremos una plancha eléctrica que requiera una potencia máxima de 1,000 watts o 1 *kW*. Recordemos que el prefijo kilo (k), significa mil. Eso no significa que el consumo va a ser continuo de 1 *kW*, puede que varíe según el uso. Habrá ocasiones donde baja el consumo por haber alcanzado la temperatura de planchado. Cuando es necesario, vuelve a consumir el máximo para mantenerse calentando según la demanda. Eso depende de la temperatura que requiera el tipo de ropa seleccionada en el botón de selección de planchado y cuánto vapor utilice.

Esto sucede con todos los equipos eléctricos. ¿Qué buscamos nosotros? *Que los equipos nuestros consuman la potencia mínima posible para hacer el trabajo máximo deseado.*

Por eso es importante comprar equipos de alta eficiencia, con etiqueta de *energy star*. Recuerde que entramos al mundo de energía renovable, pero no queremos sacrificar las comodidades a las que estamos acostumbrados con el uso de la electricidad.

La potencia es determinante en nuestro sistema de energía renovable.

-Ejemplo de cálculo de potencia

¿Cuál es la potencia de un abanico que utiliza 0.75 A en un circuito eléctrico de 120 V?

Potencia = (120 V) x (0.75 A) = **90 W**

Tomemos por ejemplo una estufa eléctrica. Hacemos el arroz en una hornilla grande que consume 2,000 W, la carne en otra hornilla grande que consume otros 2,000 W y las habichuelas en una hornilla pequeña que consume 1,500 W. En este caso, la estufa eléctrica está utilizando una potencia de 5,500 W en estas tres hornillas encendidas, con potencial de utilizar más si usamos la cuarta hornilla simultáneamente.

Quiérase decir que necesitaría al menos una potencia disponible de producción en el inversor de 5,500 W solo para las tres hornillas mencionadas. Y la energía tendría que venir de las baterías y producirla el arreglo fotovoltaico. No hace sentido quedarse con un dragón de estufa eléctrica, cuando podemos cocinar con un consumo y costo mínimo utilizando estufa de gas. ¡Ah y no se crea que en las estufas de gas tiznan las ollas como los fogones de antes!

Hemos tratado algunos cálculos y ejemplos detallados en la sección de conciencia energética.

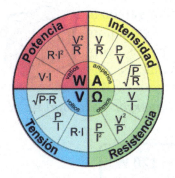

La ilustración a la izquierda muestra la ley de Ohm combinada con la fórmula de potencia. Según mencionado anteriormente, al voltaje le llamamos *tensión* eléctrica y a la corriente *intensidad*, por eso la abreviación **I** para corriente.

¿Qué es la energía?

La [3]energía se define como la capacidad de realizar trabajo, de producir movimiento, de generar cambio. No puede ser creada ni destruida, solo transformada. Es inherente a todos los sistemas físicos y la vida en todas sus formas. *¡Todo es energía!*

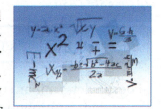

> Energía = Potencia (W) x tiempo en horas (h)

> Energía = Voltios (V) x Amperios (A) x tiempo (h)

Hagamos un pequeño ejemplo de consumo de energía eléctrica.

---

[3] Hay múltiples fórmulas para calcular energía dependiendo del tipo en consideración. $E=mc^2$.

-Ejemplo de consumo de energía

Tengamos en consideración un televisor conectado a
un sistema de energía renovable, con un consumo
de 1 A. Lo tenemos conectado en nuestra casa con
voltaje de 120 V y encendido por 5 horas diarias.

-¿Cuánta potencia necesita producir el inversor para operar el
televisor?

> Potencia = (120 V) x (1 A) = **120 W**

-¿Cuánta energía de las baterías consume el televisor diariamente en este caso?

> Energía = (120 V) x (1 A) x (5 h) = **600 *Wh* o 0.6 *kWh*.**

Si desea determinar cuánto le cuesta ese consumo si lo utiliza de
la utilidad, multiplique la energía por el costo promedio que factura la autoridad por *kWh*, en P.R. $0.25/*kWh* actualmente y
tendría:

> Costo por consumo= (Consumo en *kWh*) x (Costo del *kWh*)

O sea, el costo por utilizar este televisor durante 5 horas al día
sería:

> Costo = (0.6 *kWh*) x ($0.25 / *kWh*) = **$0.15/día**

Se puede observar que es un costo mínimo en este caso, pero
recuerde que eso se suma y a la larga es mucho dinero.

Podemos obtener la energía utilizada mensualmente en la factura de consumo de la utilidad eléctrica. Es la forma de tabular

nuestros gastos de corriente y hay que pagarlo o producirlo. El otro caso donde utilizamos esta unidad de energía es en la descripción de las baterías de carga profunda que utilizamos en nuestros sistemas de energía renovable. Esto lo veremos en la sección de baterías.

Como hemos mencionado, la utilidad de energía eléctrica en Puerto Rico, actualmente en el 2021, a nivel residencial, factura en promedio $0.25 / *kWh* de consumo y aumentando. O sea, si usted consume en su hogar 600 *kWh* de energía en un mes, debería esperar una factura mínima de:

Costo = 600 *kWh* x ($0.25/ *kWh*) = **$150 mensual**

Un pago a la utilidad de $150 mensuales, representa $45,000 en 25 años. ¡Uyyy, que longaniza!

-Ejemplo de producción energética de un arreglo fotovoltaico

Digamos que tenemos 24 paneles fotovoltaicos de 350 W cada uno. Asuma una producción estándar de 5.5 horas diarias.

-¿Cuál sería la potencia de generación de este arreglo fotovoltaico?

Potencia = (24) x (350 W) = **8,400 W o 8.4 kW**

-¿Cuál sería la energía producida por este arreglo fotovoltaico diariamente?

Energía = (8.4 kW) x (5.5 h) = **46.2 *kWh***

Sabía usted que...?

En los 1800-1900 se alumbraban con quinqués y grillas de aceite y gas. Para la década de 1880 se produjo *la guerra de las corrientes*, entre Nikola Tesla, quien favorecía la corriente alterna y Thomas Edison, quien favorecía la corriente continua.

Esto produjo una batalla tecnológica donde Thomas Edison tuvo la ventaja inicial vendiendo corriente DC, pero a la larga se impone el concepto de Nikola Tesla con la corriente alterna que las utilidades producen y utilizan hoy en día.

Recuerde que nuestro objetivo es producir más energía de la que consumimos, sin olvidar que siempre hay pérdidas en los circuitos y componentes eléctricos.

Tipos de corriente eléctrica

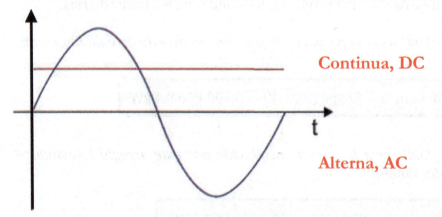

Continua, DC

t

Alterna, AC

Ya que hemos definido los términos básicos de electricidad que vamos a estar necesitando, podemos establecer los dos tipos de corrientes con los cuales estaremos trabajando en nuestros sistemas de energía solar.

Corriente

La primera es la corriente directa, o DC, donde los electrones fluyen en una sola dirección. Esta es la corriente que se produce o colecta en los paneles fotovoltaicos y es la que podemos almacenar en baterías para uso posterior. Es conveniente diseñar circuitos con tramos lo más corto posible y cables bien calculados para evitar pérdida de corriente o riesgos significativos.

Esto nos lleva a hablar de la **polaridad**. Si hablamos de baterías, tenemos dos terminales, uno positivo (*rojo*) y otro negativo (*negro*). Los electrones fluyen desde el polo negativo hacia el polo positivo, creando una corriente eléctrica.

La convención utilizada define el flujo desde el polo positivo al negativo, manteniendo la uniformidad con la convención inicial cuando había menos conocimiento. Esto produce una diferencia en potencial eléctrico, previamente descrito como voltaje. Es imperativo hacer las conexiones eléctricas respetando la polaridad de los circuitos, de lo contrario puede dañar los equipos, iniciar un fuego o riesgos a la vida y la propiedad.

Corriente

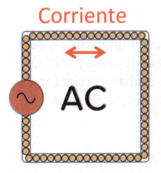

La segunda es la corriente alterna, o AC, donde los electrones alternan de dirección. Este cambio de dirección del flujo en la corriente alterna sucede a una frecuencia determinada en nuestra red eléctrica de 60 Hertz. Esto significa que los electrones cambian de dirección 120 veces por segundo. Por lo tanto, donde corresponda, nuestros equipos de corriente alterna tienen que estar diseñados para operar en esta frecuencia. En algunos países europeos y suramericanos operan en una frecuencia de 50 Hertz. Esta corriente AC es la que la utilidad produce a partir de generadores y es suministrada a los consumidores. Es más fácil de producir y transmitir que la DC.

Nuestros hogares en Puerto Rico cuentan con equipos diseñados para operar con corriente alterna a 60 Hertz. Por lo tanto, al producir la corriente directa en nuestro sistema solar, tenemos que transformarla a corriente alterna antes de poder alimentar nuestras residencias, sin necesidad de cambiar los equipos existentes, excepto aquellos de alto consumo que no conviene tener en ninguno de los escenarios. Para esa transformación es necesario un inversor de corriente, de los cuales estaremos hablando en específico más adelante.

¿Sabía usted que...?

La frecuencia es utilizada para mantener los relojes eléctricos en hora. Inversores de poca calidad crean problemas de frecuencia que afectan la hora de los relojes eléctricos y causan parpadeos en las bombillas.

Es muy importante que mantengamos en mente que la corriente directa y la alterna son diferentes y no se comportan igual. Ambas requieren circuitos, equipos, conductores y equipos de protección distintos.

Es erróneo y peligroso intercambiar tipos de componentes o *cortacircuitos* diseñados para una corriente en específico y utilizarlos en otra. **El comportamiento y flujo de ambas corrientes es distinto**. No tomar las precauciones necesarias puede poner en riesgo la vida y la propiedad.

Recuerde que lo que queremos es producir nuestro propio consumo, no consumirnos con lo producido.

¿Qué electrocuta, el voltaje o la corriente?

Esta pregunta sería equivalente a la siguiente: *¿qué mata, la bala o la pólvora?* Sabemos que no hay balazo sin pólvora, quien produce la fuerza para disparar la bala, de tal manera que el proyectil tenga la capacidad de quitar la vida. Aunque la bala es quien mata, sin pólvora no puede hacerlo. Entonces es una combinación de ambas, sin descartar las condiciones especiales que lo permiten.

Pudiéramos decir en términos simples, que el voltaje es la fuerza que empuja a la corriente. La corriente es quien mata, pero sin voltaje no hay corriente. Por lo tanto, también es una combinación de ambas.

Por lo tanto, debe ejercer las más estrictas medidas de seguridad al trabajar con circuitos eléctricos, con tal de evitar situaciones que pongan en riesgo la vida, propiedad o personal.

¿Qué tipo de corriente es más peligrosa, AC o DC?

La electricidad interfiere con nuestro sistema eléctrico, en otras palabras, con el sistema nervioso de nuestro cuerpo. A pesar de que ambas corrientes pueden ser nuestras mejores amigas, también pueden ser nuestro peor enemigo. Un fuetazo eléctrico con cualquiera de las dos corrientes le va a poner a brincar como canguro o como dice mi hermano mayor, le va a hacer correr como yegua *esnúa*. La corriente AC es mucho más peligrosa, especialmente a baja frecuencia, mientras que la corriente DC tiene un voltaje constante y es menos peligrosa, aunque cualquiera de las dos puede costar-le la vida.

Mientras menor es el voltaje, menor es la fuerza para empujar los amperios y menor el riesgo de electrocución.

Recuerde que ambas corrientes pueden ser le-tales.

La corriente AC produce contracción muscular y uno tiende a quedarse *pegao* a la fuente. Produce fibrilación en el corazón, se sale de ritmo cardiaco y si no se reactiva o desfibrila con un desfibrilador de corriente DC, se pierde la vida. Según estudios, la corriente DC generalmente le permite soltar luego del fuetazo. Produce paro cardiaco, severas quemaduras y es necesario reanimación cardiaca para reactivar el corazón. Como podemos ver, corrientes con voltajes correspondientes pueden producir daño letal.

La dimensión de la electrocución depende del tipo de corriente y su magnitud, la magnitud del voltaje, la frecuencia, la resistencia del cuerpo, si está seco o mojado, el grosor de la piel, la masa corporal, el sexo, la edad, por cual parte del cuerpo pasa la corriente, condición física y el tiempo de exposición.

Evite ser víctima de una descarga de corriente no deseada. Siempre utilice herramientas debidamente aisladas, equipo de seguridad y nunca haga trabajos eléctricos si no está debidamente capacitado y cualificado.

¡Seguridad primero!

Efectos de la electricidad en el cuerpo humano.

AC (mA)	DC (mA)	Efectos
1 - 3	4 - 15	Percepción
3 - 9	15 - 88	Reflejo doloroso de soltar
9 – 25	80 – 160	Contracción muscular
25 – 60	160 – 300	Paro respiratorio (Puede ser fatal)
Más de 100	Más de 300	Generalmente fatal

Como podemos ver en los datos de la tabla, con menos corriente AC tenemos mayores efectos en nuestro cuerpo que con mayores corrientes DC. Es importante señalar que una persona con menor masa muscular (*menor resistencia*), tiene un fuetazo más severo que personas con mayor masa. Generalmente las mujeres y los niños tienen menor tolerancia a un fuetazo eléctrico que los hombres. Menores corrientes directamente pasando por la cabeza o el corazón son más severas aún. Siempre utilice las medidas de seguridad máximas.

Circuitos eléctricos

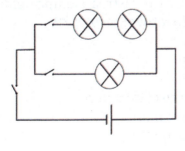

Un circuito eléctrico es el conjunto de elementos eléctricos conectados entre sí que permiten generar, transportar y utilizar la energía eléctrica. Puede ser una conexión en paralelo, en serie o la combinación de ambas. Es necesario entender que hay cambios significativos entre una u otra conexión. A pesar de que hay mucha tela donde cortar, vamos a hacer lo posible por mantener una explicación sencilla, pero aquí no podemos atrechar camino.

Diagrama de Corriente vs Voltaje

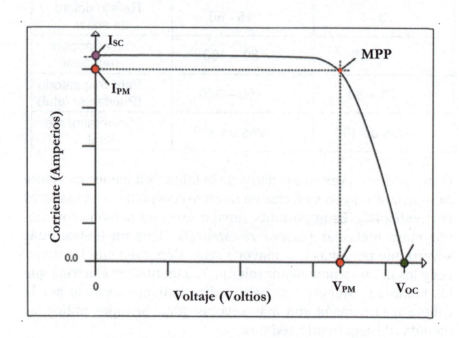

Esta gráfica de potencia es muy común en nuestro estudio de electricidad y energía. Es importante entender que para un voltaje dado, habrá una corriente correspondiente en nuestro sistema solar. El controlador MPPT busca o rastrea siempre el punto de producción máxima del arreglo fotovoltaico, MPP.

Veamos lo que significa cada término.

- V_{OC} - Voltaje máximo de circuito abierto
- V_{PM} - Voltaje de punto máximo
- I_{SC} - Corriente de corto circuito
- I_{PM} - Corriente de punto máximo
- MPP - Punto de potencia máxima (P_{MAX})

$$MPP = P_{MAX} = V_{PM} \times I_{PM}$$

Conexiones en paralelo

La conexión en paralelo en circuitos de corriente directa, es aquella donde se conecta un conductor de terminal positivo a positivo y otro conductor de terminal negativo a negativo. En corriente alterna se conectan los conductores de línea juntos y los neutrales juntos entre sí.

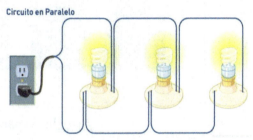

Fuente: Aziza Physics   Fuente: Electrónica Online

Cuando combinamos fuentes de energía en un circuito en paralelo, la corriente se suma y el voltaje se queda igual.

Tomemos por ejemplo el caso de corriente directa, como cuando *jumpeamos* un vehículo, el **voltaje del circuito permanece igual**, en 12v [4]nominal. No cambia, porque de lo contrario quema la computadora y los equipos de 12v. Por otro lado, **la corriente se suma** para poder arrancar el estárter y mueva esa volanta para que encienda el motor. Los cables de *jumpear* son bien gruesos porque la corriente, medida en amperios, es mayor.

---

[4] El voltaje nominal es el voltaje que define al circuito teóricamente.

En paralelo, la corriente tiene múltiples vías por donde pasar. Si una vía se interrumpe, las demás pueden permanecer en servicio.

-Ejemplo de paneles fotovoltaicos conectados en paralelo

Digamos que tenemos el arreglo de tres paneles fotovoltaicos conectados en paralelo como la siguiente ilustración. Esto no es

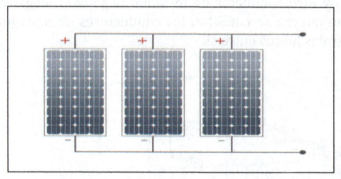

Arreglo en paralelo

una conexión típica, es inusual. Cada panel marca Qcell es de 355 W, 34.38 V y 10.33 A.

Potencia esperada = (355 W) x (3 paneles) = 1,065 W

En los circuitos en paralelo se suma la corriente y el voltaje se queda igual.

-Voltaje (V) = V_{pm} x 1 = 34.38 V   *(V se queda igual)*

-Corriente (I) = I_{pm} = 10.33 A x 3 = 30.99 A   *(I se suma)*

$P_{MAX} = V_{pm}$ x I_{pm} = (34.38V) (30.99 A) = **1,065.4 W**

Típicamente hacemos las conexiones de los paneles en serie, no en paralelo. Esto porque en serie se trabaja con voltajes altos y corrientes bajitas. Estas corrientes bajas requieren conductores menos gruesos y cortacircuitos menos costosos, aparte que son sistemas de mayor eficiencia. Por eso usted no podrá conectar un panel con otro en paralelo sin la ayuda de unos conectores especiales que tendría que adquirir.

Conexiones en serie

La conexión en serie en circuitos de corriente directa, es aquella donde se conecta un conductor del terminal positivo al negativo, quedando disponible un terminal positivo en un extremo y uno negativo al otro para la fuente de energía. En corriente alterna se conecta el conductor vivo de salida de un elemento para alimentar el siguiente, haciendo una sola línea o serie.

Cuando combinamos fuentes de energía en un circuito en serie, el voltaje se suma y la corriente se queda igual.

Hay una sola ruta por donde puede pasar la corriente eléctrica.

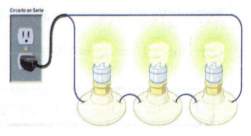

Fuente: Aziza Physics   Fuente: Electrónica Online

Si se interrumpe parte del circuito, todo queda fuera de servicio, como las guirnaldas de navidad del pasado. Lamentablemente cuando se fundía una bombillita, se apagaba toda la serie.

-Ejemplo de paneles fotovoltaicos conectados en serie

Digamos que tenemos el arreglo de tres paneles fotovoltaicos conectados en serie como la ilustración a continuación. Cada panel, marca Qcell es de 355 W, 34.38 V y 10.33 A.

Potencia esperada = (355 W) x (3 paneles) = 1,065 W

Arreglo en serie

En los circuitos en serie se suma el voltaje
y la corriente se queda igual.

-Voltaje (V) = V_{pm} x 3= 34.38 V x 3 = 103.14 V   *(V se suma)*

-Corriente (I) = I_{pm} = 10.33 A   *(I se queda igual)*

$P_{MAX} = V_{pm} \times I_{pm} = (103.14V)(10.33 A) = \mathbf{1,065.4\ W}$

Viendo el resultado de los cálculos de potencia de los tres paneles fotovoltaicos en serie o en paralelo, en términos de potencia del arreglo, da el mismo resultado. Lo que producen tres paneles conectados entre sí, sean en paralelo o en serie, es lo que pueden producir, ni más, ni menos. Lo que cambian son los valores de voltaje y corriente en el circuito y depende de las necesidades de diseño.

La conexión típica de los paneles es en serie y las series conectadas en paralelo entre sí. En otras palabras, regularmente utilizamos las conexiones en paralelo para suplementar las conexiones en serie.

No hay tal cosa como que un circuito es mejor que el otro. Debemos reconocer las ventajas y desventajas de ambas conexiones para utilizarlas a nuestra conveniencia. Generalmente hacemos uso de la combinación serie/paralelo para obtener resultados óptimos. Debemos recalcar que mientras más alta sea la
corriente, más gruesos y costosos serán los cables y los cortacircuitos, especialmente aquellos para corriente directa.

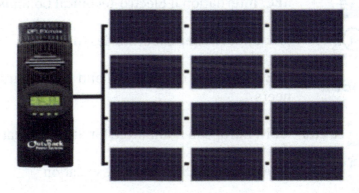

Fuente: Outback Power

En la ilustración vemos un arreglo típico residencial con un controlador marca Outback, de 60 A, 150 V_{OC}. En la próxima sección
estaremos trabajando el tema de los controladores.

Certificaciones e instituciones evaluadoras

Siendo que estamos considerando los principios básicos de electricidad en este capítulo, es fundamental entender que hay unos
estándares locales y globales con los que los equipos tienen que
cumplir por razones de seguridad.

Existen organizaciones nacionales e internacionales involucradas en el desarrollo de sistemas de generación de energía solar,
creando estándares de certificación que dictan los requisitos de
seguridad, durabilidad e instalación, incluyendo los sistemas de
almacenamiento de energía utilizado en los sistemas fotovoltaicos. Si bien algunos estándares son obligatorios, otros son solo
para elevar el estándar del producto e incluir las mejores prácticas y establecer puntos de referencia de la industria. Las organizaciones líderes involucradas en el desarrollo de estándares en
el campo de la energía solar son:

 IEC: International Electro-technical Commission

 UL: Underwriter Laboratories Inc.

 IEEE: Institute of Electrical and Electronics Engi-
neers

 CEN: European Committee for Standardization

 CSA: Canadian Standards Association

 ETL: Intertek's Electrical Testing Labs

V Fundamentos de energía fotovoltaica

Sin duda alguna, el uso de la celda fotovoltaica ha venido a transformar nuestra sociedad. La necesidad de combatir el cambio climático, el calentamiento global, la contaminación con emisiones de CO_2 y los gases de invernadero, el deterioro de la capa de ozono, la reducción en la disponibilidad de los combustibles fósiles y sus altos costos, nos han llevado al maravilloso mundo de las energías renovables. En adición a la energía solar fotovoltaica, podemos señalar la energía hidroeléctrica, geotermal, biomasa, mareomotriz, eólica y la energía solar termal.

A pesar de que existen múltiples fuentes de energía renovable, la más utilizada a nivel residencial es la energía solar fotovoltaica. Para colectar energía solar necesitamos paneles fotovoltaicos o paneles solares. Los mismos son producidos a grande escala y se han instalado millones en el mundo entero. Es una maravilla la forma en que trabajan, sin piezas mecánicas, ni ruidos, ni contaminación. Tenemos que aprovechar el beneficio de la energía *inagotable* del sol.

La realidad es que todas las energías renovables son *inagotables* con respecto a nuestro tiempo de vida. A su vez, en forma directa o indirecta provienen del sol. Por ejemplo, la energía eólica proviene del viento que a su vez se origina de los cambios termales producidos por el sol. La energía mareomotriz utiliza las olas producidas por el viento. La energía hidroeléctrica utiliza la energía potencial del agua que responde al ciclo del agua cuyo autor es el sol. Así sucesivamente.

Celdas fotovoltaicas.

Las celdas fotovoltaicas son la médula de un panel fotovoltaico. En manera simple, podemos decir que las mismas están hechas con un material [5]**semiconductor**. Cuando los fotones de la luz solar irradian sobre la celda fotovoltaica, excitan a los electrones en el material semiconductor, produciendo una corriente eléctrica que viaja a través de los conductores, *las líneas que vemos en las celdas*. Esa corriente directa (*DC*), viaja hacia el controlador

---

[5] Material que conduce electricidad bajo ciertas condiciones en específico.

en el sistema fotovoltaico y luego hacia las baterías. Los *fotones* son las partículas más pequeñas que según la física cuántica, constituyen la luz y, en general, la radiación electromagnética.

Solo una pequeña parte de la luz solar es transformada en electricidad. Al momento tenemos acceso a eficiencias en campo de entre 15-20% de conversión, en algunos casos hasta un poquito más. Es probable que la promoción de los paneles establezca mayores eficiencias, pero las mismas son determinadas en condiciones estándares de laboratorio, *STC o Standard Test Conditions*. Una vez instaladas las celdas en los paneles y los paneles en el arreglo solar, las condiciones no son estándares. Están expuestos a temperaturas variables, a los elementos, a reducción en la irradiación solar y contaminación ambiental que tienden a reducir su eficiencia.

¿Sabía usted que...?

Las condiciones estándares de prueba de laboratorio (*STC*) para los paneles fotovoltaicos son: irradiancia solar de 1,000 W/m^2, masa de aire de 1.5 y temperatura de 25ºC.

Hay diferentes materiales con los cuales se fabrican las celdas actualmente y nuevos descubrimientos se están perfeccionando. Las celdas de silicio abarcan más del 95% del mercado de módulos fotovoltaicos en la actualidad. Esto porque el silicio es un material abundante, económico, accesible y con larga durabilidad. Hoy día se logra fabricar celdas de primera calidad, con una degradación en 25 años menor al 10%. O sea, aun después de 25 años de uso, todavía las celdas pueden producir más del 90% de su capacidad inicial.

¡Fantástico!

Las mismas pueden ser manufacturadas bajo varios métodos de fabricación. Tenemos las **celdas mono cristalinas**, de mayor homogeneidad, proveyendo mejor eficiencia que las demás celdas,

de un 2-5% mayor. Su uso óptimo justifica el mayor costo en aquellas localidades donde el área limitada de instalación es determinante. Puede identificarlas fácilmente porque tienden a ser muy oscuras y tienen las esquinas biseladas. Esto se debe al proceso de fabricación de la galleta de la celda y se corta de esta manera para aprovechar al máximo el material que en su origen es cilíndrico.

Hay muchos mitos con estos paneles mono cristalinos. Hasta hace poco su costo de producción era mucho mayor que los poli cristalinos y por eso la diferencia en precio. No producen energía eléctrica de la luna llena o del poste de luz frente a su casa, tampoco hacen magia en días nublados. *¡No se deje engañar, sin irradiación solar directa o difusa no hay conversión eléctrica!*

Las celdas poli cristalinas tienen cristales de silicio menos estructurados y tienen una eficiencia poco menor que las mono cristalinas, por lo cual son más económicas. Generalmente son azulosas, aunque en los últimos meses están produciendo celdas de mayor calidad que son muy oscuras y absorben más luz solar. Son celdas cuadradas. La gran mayoría de los arreglos fotovoltaicos residenciales, comerciales e industriales utilizan este tipo de panel fotovoltaico poli cristalino.

Fuente: IMEC

Las celdas bifaciales son celdas de silicio que están diseñadas para colectar energía por la parte frontal y por la parte posterior. La celda utiliza el reflejo de la luz solar en las distintas superficies, conocido como *albedo* y la cubierta trasparente en su parte posterior permite el paso de la luz solar reflejada.

Este beneficio es más palpable en los polos o en altas latitudes, donde los paneles requieren un ángulo de inclinación mayor. En países cercanos al ecuador este beneficio es despreciable debido a que los paneles fotovoltaicos tienen un ángulo de instalación casi horizontal.

Superficie	Albedo %
Agua	5 - 70
Arena	20 - 45
Bosque	0.15 - 5
Carretera	5 – 10
Cemento	20
Cultivos	10 – 25
Hielo	20 – 40
Nieve	80
Nube densa	75

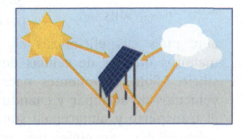

Fuente: Medium

Las celdas de perovskites son celdas de capa fina flexible que se imprimen industrialmente y en los últimos años han alcanzado hasta un 25% de eficiencia en laboratorios, pero falta aún lograr que duren buen tiempo expuestas a los elementos en condiciones normales de uso.

¿Sabía usted que...?

Perovskites es un compuesto mineral formado por calcio, titanio y oxígeno. Lleva el nombre del minerólogo que lo descubre en Rusia en 1839, Lev Perovski. Dependiendo de la composición del átomo en la estructura, las perovskites pueden tener propiedades impresionantes como superconductividad, magneto-resistencia gigante, transporte dependiente de espín (espintrónica) y propiedades catalíticas.

Fuente: PHIS.org

Las celdas de capa fina o flexible. Hay diferentes tecnologías actualmente en el mercado y algunas emergiendo de laboratorios. Se distinguen las celdas de *cadmium telluride* (**CdTe**), *copper indium gallium diselenide* (**CIGS**), y *silicon amorfo* (**a-Si, TF-Si**). Ocupan una parte del mercado muy pequeña aun, pues sus eficiencias son menores que las de células de silicio. Son convenientes para vehículos de acampar y cuando el transporte y almacenaje son primordiales. Su mejor uso es para sistemas pequeños donde el problema con sombras es ineludible, como cabina entre árboles, sombras de edificios a la distancia, alta nubosidad, etc.

Se está trabajando con muchas tecnologías emergentes, con el diseño de celdas biodegradables y otros materiales que ciertamente en los próximos años vendrán a cubrir las limitaciones y defectos de los materiales actuales. De una forma u otra, el trabajo de una celda es producir electricidad a partir de la luz solar, de forma económica. Para ello hay que fabricar paneles fotovoltaicos combinando una cantidad de ellas.

Siendo las celdas de silicio las más utilizadas, económicas, accesibles y duraderas al momento de escritura de esta literatura, debemos considerarlas *a priores*. En el trópico donde vivimos, las celdas mono cristalinas, poli cristalinas o bifaciales se comportan de forma similar. De modo que cualquiera de ellas debe hacer un trabajo promedio de buena calidad.

Una celda individual produce cerca de 0.5 V, por lo cual es necesario poner una cantidad de celdas en serie hasta llegar a crear módulos típicos de 60 a 72 celdas para uso residencial.

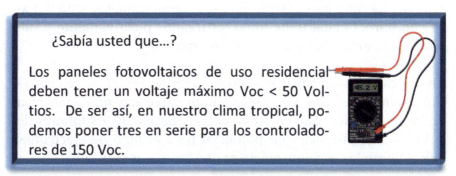

¿Sabía usted que…?

Los paneles fotovoltaicos de uso residencial deben tener un voltaje máximo Voc < 50 Voltios. De ser así, en nuestro clima tropical, podemos poner tres en serie para los controladores de 150 Voc.

¿Cómo funciona una celda fotovoltaica?

Hasta ahora hemos considerado los tipos de celdas fotovoltaicas más comunes. Ahora queremos ver cómo trabajan. En palabras simples, una celda fotovoltaica transforma la energía de la luz solar que incide sobre la fotocelda a energía eléctrica directamente.

La celda es como un sándwich de dos capas de un semiconduc-

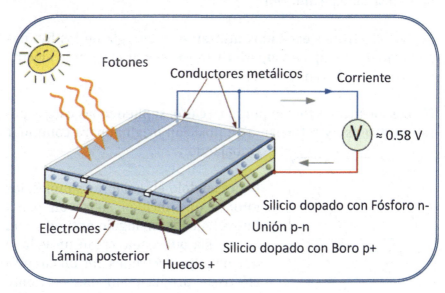

tor, en el caso más común, silicio. La capa superior de silicio está dopada generalmente con fósforo, lo cual la hace estar cargada negativamente, o sea, podemos llamarla una capa negativa, o capa n-. La capa p es la segunda capa y generalmente está dopada con boro, la cual tiene huecos cargados positivamente y podemos llamarla una capa positiva, o capa p+.

Ambas capas están separadas por una unión hecha con un material aislante, llamada p-n. Entre ambas capas hay una diferencia de carga eléctrica, que en unión con la energía de los fotones de la luz solar, producen un potencial para el flujo de electrones que generan la corriente eléctrica que tanto nos maravilla.

¿Cómo sucede el fenómeno fotovoltaico?

① Cuando la luz solar irradia sobre la celda fotovoltaica, los fotones inciden y penetran la capa n-, la superior.

② Los fotones atraviesan hasta la capa inferior, la capa p+.

③ Los fotones descargan su energía en los electrones disponibles en la capa p+ inferior.

④ Los electrones excitados utilizan esta energía de los fotones para saltar a la capa n- superior y moverse por el circuito eléctrico a través de los conductores.

⑤ Los electrones fluyen por el circuito, supliendo las cargas para nuestro uso y retornan a su posición original para continuar trabajando.

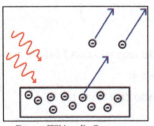

Fuente: Wikimedia Commons
CC BY-SA 3.0.

Expresándolo en palabras simples, los fotones que inciden sobre un panel fotovoltaico a un ángulo óptimo y con la energía adecuada, crean un voltaje que empuja electrones por un circuito eléctrico, produciendo una corriente eléctrica que podemos medir en amperios y utilizar para mover nuestras cargas eléctricas.

Radiación solar y el espectro electromagnético de la luz

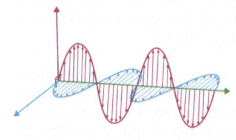

La radiación solar, a menudo llamada recurso solar o simplemente luz solar, es un término general para la radiación electromagnética emitida por el sol. Se le llama electromagnética porque toda corriente eléctrica produce un campo magnetico y viceversa.

La radiación solar puede ser capturada y convertida en formas útiles de energía, como el calor y la electricidad, utilizando una variedad de tecnologías. Sin embargo, la viabilidad técnica y el funcionamiento económico de estas tecnologías en un lugar específico depende del recurso solar disponible.

Cada lugar en la tierra recibe luz solar al menos durante una parte del año. *La cantidad de radiación solar* que llega a cualquier punto de la superficie de la tierra varía según la ubicación geográfica, hora del día, estación del año, paisaje, clima local y parametros de instalación. No queremos hacer de esta

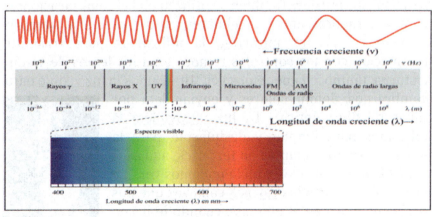

Espectro electromagnético de la luz

sección una clase de ciencias, pero es importante tener un poco de entendimiento del funcionamiento simple de la naturaleza y sus beneficios. *¡A la verdad que esto es bien interesante!*

De una manera u otra, aunque no tengamos conocimiento, a diario hacemos uso del espectro electromagnético de la luz en todas las facetas de nuestras vidas. ¡Veamos!

 Utilizamos la luz para trasmitir energía e información *a la velocidad de la luz*, la cual es 300,000 km/s y eso es muy, muy rápido. Nada viaja más rapido que la velocidad de la luz, al menos no en nuestro  universo. Gracias a ello tenemos la internet, por la capacidad de enviar informacion en un haz de luz a traves de los cables de fibra óptica.

 Utilizamos la luz para transmitir información con las <u>ondas de radio</u> para escuchar nuestra estación favorita de música, para hacer un MRI, , *walkie talkies*, el WiFi y no las vemos. Utilizamos las <u>microondas</u> de la luz para calentar en un horno microondas, porque estas ondas son útiles para transmitir calor. También se utilizan en las comunicaciones, televisión, radares, antenas, celulares, control remoto y tampoco las vemos. La <u>luz infrarroja</u> la utilizamos para trasmitir información con los controles remoto y en los lentes de visión nocturna, tampoco la podemos ver. Utilizamos la <u>luz visible</u> para alumbrarnos, definir colores y enviar data por 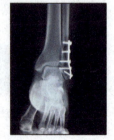 cables de fibra óptica. La <u>luz ultravioleta</u> la utilizamos para limpiar y desinfectar, para la fotosíntesis en las plantas en terrarios, aquarios y muchísimos usos más y no la podemos ver. La luz la utilizamos en los <u>rayos X</u> cada vez que nos sacan una placa en el dentista, cuando le hacen un CT y cuando pasamos las maletas por el

aeropuerto, y no los vemos. Los <u>rayos gamma</u> se utilizan en el departamento de radiología para tratar el cáncer o para hacer estudios como el PET Scan, para esterilización y pasteurización, entre tantas otras cosas y tampoco los podemos ver.

Como podemos observar, utilizamos la luz para TODO. Desde la internet hasta la comida y recientemente utilizamos los fotones de la luz solar para producir energía eléctrica directamente con los paneles fotovoltaicos.

La luz solar contiene todos los rangos del espectro electromagnético de la luz, que en palabras simples son las diferentes formas en que los fotones de la luz pueden ser transmitidos según la energía de los mismos, el largo de onda y su frecuencia. Quiere decir que por el espacio vienen ondas electromagnéticas en la luz solar y con cierta energía. No todas las ondas electromagnéticas llegan a la tierra, pues

Interesante, ¿verdad?

una parte de ellas se disipa en la atmósfera y otra en la capa de ozono, en los gases de invernadero, otra en las nubes y en la naturaleza. Sin la luz solar no habría vida.

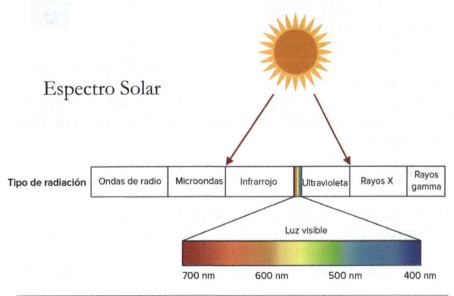

Espectro Solar

Tipo de radiación	Ondas de radio	Microondas	Infrarrojo		Ultravioleta	Rayos X	Rayos gamma

Luz visible

700 nm   600 nm   500 nm   400 nm

Gran parte del espectro de la luz solar que nos llega a tierra se limita a las ondas de rayos ultravioleta, el espectro de luz visible y los rayos infrarojos. La gran mayoría de las demás ondas se disipan como antes señalado.

Una muy pequeña porción del espectro solar son rayos ultravioletas y nuestro cuerpo utiliza parte para producir vitamina D, esencial para el balance de calcio y fosfatos, entre tantas otras funciones vitales de nuestro organismo. Dependiendo del tipo de rayos ultravioleta y la cantidad, pueden ser perjudiciales para nuestra salud y hasta producir cáncer.

Cerca del 50% del espectro solar son rayos infrarojos y nos ofrecen el calor que necesitamos en el planeta. El otro 50% ≈ del espectro solar es la luz visible. Vemos la luz blanca, pero no se deje engañar, contiene todos los colores que nuestros ojos pueden ver entre el rojo y el violeta. Cada color tiene su respectiva cantidad de energía y características físicas.

Podemos descomponer los colores de la luz solar con un prisma o verlo en un hermoso arcoiris. Las celdas fotovoltaicas de silicio utilizan el espectro solar desde parte de los 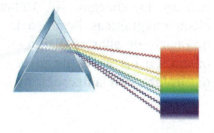 rayos infrarojos hasta parte de los rayos ultravioleta para producir energía eléctrica a partir de la energía de los fotones de la luz solar. Estas cantidades se pueden calcular o al menos estimar para propósito de diseño de nuestros sistemas fotovoltaicos.

Irradiancia

La irradiancia es la intensidad o magnitud de la radiación solar por unidad de área. En el vacío del espacio tiene un valor de 1,361 Watts por metro cuadrado de superficie, o sea, 1,361 W/m^2. Una vez llega a nuestra atmósfera, este valor disminuye.

Esto se debe a la capa de ozono, los gases de invernadero, las partículas de polvo suspendidas en el aire, las nubes y las condiciones atmosféricas presentes.

Para efecto de cálculos y condiciones estándares de prueba, se utiliza una irradiancia de 1,000 *W/m²* ó 1 *kW/m²*. *Por ende, la irradiancia es el valor de la radiación solar por unidad de área o* <u>*potencia solar*</u> *por unidad de área.*

¿Sabía usted que...?

El sol es un reactor nuclear de fusión, donde los átomos de hidrógeno se fusionan a 15,000,000 ºC para formar helio. Esto sucede en el centro del sol y la energía liberada tarda un millón de años en llegar a su superficie. Luego, en 8 minutos y 20 segundos llega una parte a nuestro planeta y es nuestra fuente de energía absoluta.

Entonces, ¿va a desperdiciar esta maravillosa energía solar que es gratis día tras día?

Debemos tener claro que la magnitud de la irradiancia incidiendo sobre nuestros paneles fotovoltaicos depende de una cantidad de factores, incluyendo al menos: la localización de nuestro arreglo, la posición relativa al sol, la estación del año y las condiciones climatológicas.

Irradiación o insolación solar

La irradiación solar es la magnitud de la radiación solar medida por unidad de área en un tiempo determinado. O sea, <u>*energía solar*</u> *por unidad de área, kWh/m².*

La diferencia entre irradiancia *kW/m²* e irradiación *kWh/m²* es la unidad de tiempo en la irradiación. Estos términos tienden a confundir, pero es necesario utilizarlos correctamente.

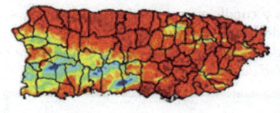

El mapa ilustrado es del 30 de noviembre de 2021 y podemos observar una radiación solar variable alrededor de la isla, aunque toda la isla tiene altos niveles, pues estamos ubicados en el trópico. Recuerde que todos los días varía de acuerdo a las condiciones climatológicas locales y los parámetros antes mencionados.

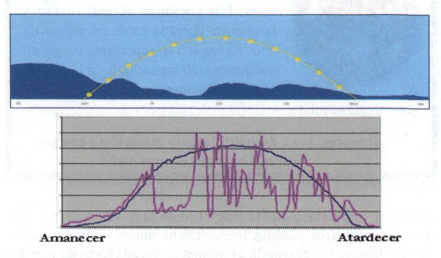

Horas pico de irradiación o peak sun hours

Todos sabemos que el sol sale en la mañana y se pone en la tarde. En esta gráfica de irradiación solar podemos observar el comportamiento típico de un sistema solar cualquiera, con respecto a la radiación solar disponible en días soleados ▬ y días nublados ▬. En la mañana sale el sol y comienza a producir energía, va en aumento hasta las horas pico del mediodía y luego disminuye la producción progresivamente hasta la puesta del sol. Para esa hora debe haber cargado las baterías al 100% para utilizar la energía durante la noche.

No es determinante saber las magnitudes instantáneas de la radiación solar, basta con entender que este tipo de comportamiento es típico en nuestro sistema fotovoltaico. Planificamos para lo mejor, pero sabemos que habrá días que la producción no será la máxima, por lo cual hay que tomarlo en consideración. Para esos días de menor producción fotovoltaica necesitamos que el banco de baterías o alguna fuente alterna de electricidad suplan la deficiencia. Bien pudiera ser la utilidad de energía eléctrica, un generador eléctrico u otra fuente de energía reno-

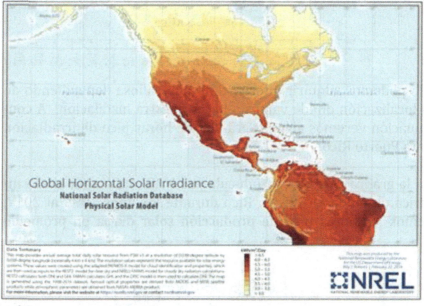

vable.

Para hacer los cálculos de producción energética necesitamos estimar las horas de producción máxima de energía solar diaria y eso se llama *horas pico de irradiación o peak sun hours.*

Dependiendo de nuestro objetivo, utilizamos las horas pico de irradiación diaria, mensual o anual. Podemos obtener los valores para nuestra localización en diferentes instituciones, incluyendo

NREL, *National Renewable Energy Laboratory*, en https://www.nrel.gov/gis/solar-resource-maps.html.

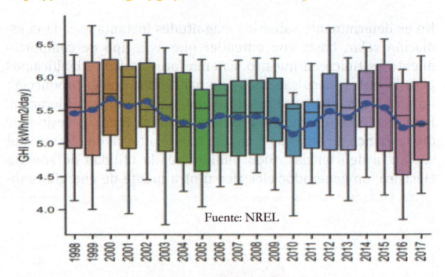

Fuente: NREL

Allí podemos adquirir información muy valiosa dependiendo de la localización donde vamos a hacer nuestra instalación. A continuación veremos algunas graficas de horas pico de irradiación para Puerto Rico.

En la gráfica de arriba, producida por NREL utilizando data empírica obtenida en Puerto Rico durante los años 1998 al 2017, vemos las horas pico de **producción solar diaria en promedio**

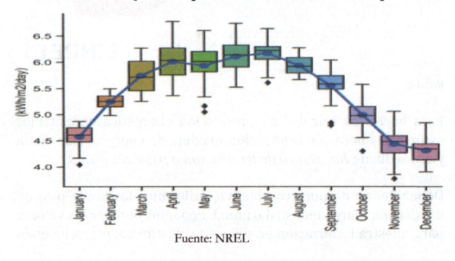

Fuente: NREL

anual, medida en *kWh/m²/día.* Unos años hay mayor irradiación promedio que en otros, pero justifica el uso estándar de **5.5 horas** para estimar la producción diaria de nuestros sistemas fotovoltaicos. En la gráfica anterior podemos observar que en los meses de verano se produce más que en invierno, pero utilizamos un valor promedio para simplificar los cálculos.

Es cierto que en invierno se produce menos energía fotovoltaica, pero a su vez se tiende a utilizar menos energía en esta época del año en nuestro país. La demanda energética aumenta en los meses de verano por el uso de los aires acondicionados y se reduce en invierno por el fresquito navideño. En otras localidades es a la inversa y hay que tomarlo en consideración utilizando sistemas de calefacción de gas.

¡Puerto Rico es una isla bendecida y la localización para generación de electricidad con energía solar es fenomenal!

¿Sabía usted que...?

Un hombre adulto requiere en promedio 2,500 kcal diarias para operar y eso representa una potencia promedio de 115.7 vatios. El cerebro requiere más energía aun. Por eso un gran pensador dijo que el trabajo más difícil es pensar, por eso no todo el mundo lo hace.

Tipos de radiación solar

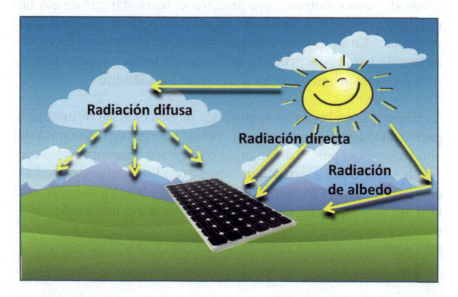

Radiación difusa

Radiación directa

Radiación de albedo

① **Radiación directa**- es la de mayor magnitud y debe incidir directamente sobre nuestros paneles fotovoltaicos para producir la mayor cantidad de electricidad posible. Por lo tanto, varía de día en día, durante las horas del día y durante las estaciones del año. En días soleados hay poca interferencia, mientras que en días nublados hay demasiada.

② **Radiación difusa o dispersa**- es un componente de la radiación solar de menor magnitud. Los rayos solares chocan con las nubes, gases y partículas en el aire y cambian de dirección. Afortunadamente parte de esa radiación solar va a llegar a nuestros paneles fotovoltaicos y tornarse en electricidad.

③ **Radiación de albedo**- es la reflexión de los rayos del sol en las superficies. Una fracción de esa energía va a llegar a los paneles fotovoltaicos y se transformará en electricidad. La habíamos mencionado anteriormente cuando mencionamos las celdas bifaciales. Su aportación es más apreciable en las latitudes cerca de los polos norte y sur, porque los paneles se instalan con mucha inclinación.

¿Cómo se relaciona el voltaje y la corriente con la radiación e irradiancia solar?

Recordemos que *la irradiancia es la magnitud de la radiación solar o potencia solar por área, kW/m².* Los paneles fotovoltaicos producen voltaje y corriente. El voltaje es la fuerza que empuja la corriente y no es afectado grandemente por la irradiancia. De hecho, desde muy temprano en la mañana y en días nublados, solo con la iluminación solar, podemos ver un voltaje prácticamente completo en nuestro sistema, aunque no se esté produciendo corriente.

Por otro lado, la corriente es directamente proporcional a la irradiancia. Aumenta y disminuye según la intensidad de la radiación solar. Mientras más intenso esté el sol, mayor irradiancia y mayor corriente. ¡Por ende, mayor potencia o *watts*! No existen rutas cortas, ni milagrosas. En días nublados tenemos poca irradiancia solar, de modo que el arreglo fotovoltaico producirá menor corriente, por ende menor potencia. Esto sucede independientemente de que sea un sistema desconectado, con medición neta, con o sin baterías, o del tipo de paneles fotovoltaicos utilizados.

¿Cómo podemos medir la radiación solar?

Ciertamente debe surgir la curiosidad por medir la irradiancia, aunque no es necesario hacerlo. La verdad es que no podemos hacer nada para mejorar la intensidad de la radiación solar. Medirla no cambia nada en nuestro sistema, excepto tener mayor data empírica sobre su desempeño. Pero si desea medir la irradiancia de todas maneras, puede utilizar un **piranómetro.**

Un piranómetro es un instrumento para medir la magnitud de la radiación solar *(irradiancia)* que incide sobre una superficie plana, sea la directa o la difusa difundida por la atmósfera.

Fuente: Delta T

El aparato por lo general consta de una pila termoeléctrica que se encuentra bajo una cubierta protectora en forma de semiesfera de cristal y va conectada a un equipo de registro. Algo así puede costar miles de dólares.

También puede adquirir un artefacto digital de bolsillo con un costo menor a los $100 y puede obtener resultados certeros para propósitos no científicos.

Fuente: Amazon

Hablemos de la sobre irradiación solar

La sobre irradiación solar es un aumento en la radiación solar cuando una nube se posiciona entre el sol y nuestro arreglo fotovoltaico. No podemos olvidar que las nubes son moléculas de agua y justo en el borde actúa como una lupa.

¿Recuerda usted cuando concentraba los rayos del sol con una lupa para crear una llama de fuego?

Fuente: Solar quotes

Ese fenómeno se llama sobre irradiación y sucede en circunstancias naturales en nuestro planeta. En el momento que esa sobre irradiación incida sobre nuestro arreglo fotovoltaico, porque va a suceder, nuestro sistema, cables y cortacircuitos deben tener la capacidad de trabajar de forma segura con ese aumento en corriente. Para ello el NEC® requiere ampliar la ampacidad un 25% para determinar los cables y cortacircuitos necesarios en el tramo hasta el controlador. Si no lo tomamos en consideración, los cables insta-

Fuente: pngwing

lados pudieran ser demasiado finos y prenderse en fuego, como cuando hacíamos el experimento con la lupa y el papel.

Movimiento aparente del sol

El sol siempre sale del <u>este hacia el oeste</u>. En verano bien alto y en invierno más bajito, pero su dirección de traslado aparente nunca cambia. **Es aparente**, porque es la tierra quien se desplaza en una órbita alrededor del sol en un lapso de 365 días, creando así las estaciones del año. A su vez, la tierra gira en su propio eje en un lapso de 24 horas, creando el día cuando una cara da hacia el sol y la noche cuando no. De modo que el sol realmente no sale ni se oculta ni se mueve con respecto a la tierra. Es la posición relativa de la tierra con respecto al sol la que define las condiciones que nos gobiernan.

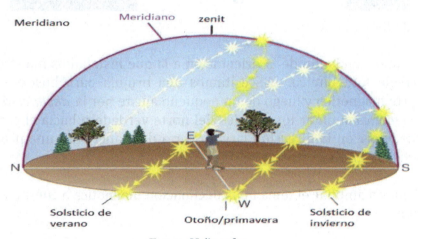

Fuente: Helio esfera

Orientación de los paneles fotovoltaicos.

Cuando hacemos una instalación fotovoltaica debemos instalar los paneles en una orientación óptima. Para una localización al norte de

la línea del Ecuador, como en Puerto Rico, que estamos en la latitud 18º N, los paneles van orientados de **norte a sur**. Cuando hacemos una instalación en países al sur de la línea del Ecuador, los paneles van orientados de sur a norte. Esto se debe a que *vemos pasar* al sol alrededor de la tierra de este a oeste sobre o paralelo a la línea del Ecuador, según la época del año. No olvidemos que es la tierra quien gira alrededor del sol, no el sol al-

rededor de la tierra.

Estamos hablando de la **orientación** a la que instalamos nuestro arreglo fotovoltaico. Necesitamos una brújula para buscar el norte magnético y luego de un pequeño ajuste por la *declinación magnética*, montar los paneles del **norte verdadero** hacia el sur. Puede ser en la dirección larga o corta del panel para una producción óptima.

Vamos a ampliar el tema de la declinación magnética a continuación.

Declinación Magnética

Es necesario entender la diferencia entre el **norte verdadero** y el **norte magnético**.

El polo norte verdadero, también conocido como polo norte geográfico, es uno de los dos puntos de la superficie de nuestro planeta coincidente con el eje de la rotación, el otro es el polo sur.

El polo norte verdadero está ubicado en algún punto del Océano Ártico. Es fijo, siempre está ubicado en el mismo lugar. Es la referencia para la orientación de nuestros paneles fotovoltaicos.

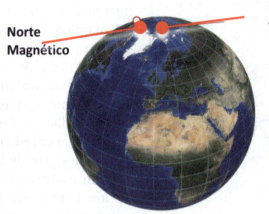

Fuente (Modificado): Sail and trip

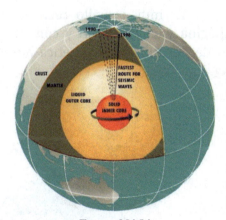

Fuente: NASA

El **polo norte magnético** es uno de los polos que definen el campo magnético de la tierra, que es producido por el movimiento del centro líquido de nuestro planeta y es dinámico, cambia.

Fluctuaciones en los flujos del material derretido en el interior del planeta alteran la fuerza de las áreas de flujo magnético.

Entre el polo norte geográfico o verdadero y el polo norte magnético, en 2021, hay una distancia de 500 km aproximadamente y variando. En años recientes, el polo norte magnético estaba sobre Canadá y ha estado migrando a Siberia en Rusia. Esto cambia constantemente y en los años recientes ha estado migrando unos 40 km por año en promedio.

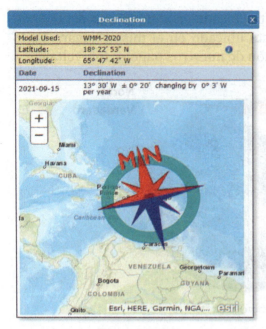

Fuente: NOAA

Esto hay que tomarlo en consideración cuando trabajamos con azimutos, porque nosotros utilizamos una brújula con aguja magnetizada que se orienta al norte con el campo magnético de la tierra y éste no coincide exactamente con el polo norte verdadero. En otras palabras, si usted sigue la dirección norte de la brújula sin ajustes por declinación magnética, NO va a llegar al polo norte verdadero.

Es muy sencillo resolver este dilema. Puede entrar a la página web de NOAA y con su zipcode puede obtener el ángulo de declinación magnética actual.https://ngdc.noaa.gov/geomag/calculators/magcalc.shtml#declination.

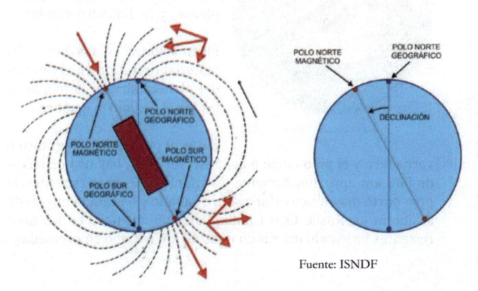

Fuente: ISNDF

En 2021 con nuestra localización en Puerto Rico, utilizando el zipcode de 00745, obtenemos el ángulo de declinación magnética de 13º. Dos o tres años atrás era 12º, así que vemos que los cambios son lentos, pero progresivos.

¿Cómo utilizar una brújula o compás?

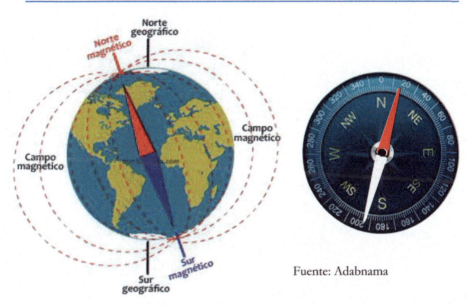

Fuente: Adabnama

La brújula o compás es un artefacto primitivo. Tiene una aguja magnetizada y la parte pintada de roja se alinea hacia el **polo norte magnético** automáticamente y la otra parte queda hacia el sur, 180º.

Basta saber el ángulo de declinación magnética actual para hacer el ajuste hacia el **polo norte verdadero.** En nuestro caso en Puerto Rico, instalamos de norte a sur más el ángulo de declinación magnética actual de 13º. **180º+13º=193º**

VI Paneles fotovoltaicos

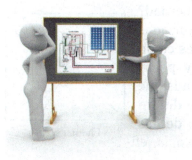 En este capítulo estaremos tratando a fondo el tema de los paneles fotovoltaicos. Hay mucho cuero para hacer zapatos, pero haremos lo posible por mantener el enfoque en los aspectos más relevantes. Siendo que los paneles fotovoltaicos son **el alma de un sistema solar**, nos debemos al conocimiento adecuado de esta tecnología que está progresando muy aceleradamente. Para no ser muy repetitivos, en algunas ocasiones puede que usemos la jerga popular para referirnos a ellos. Aunque no sea lo más correcto, se le conocen también como módulos, placas solares, placas o tan solo paneles.

Los paneles fotovoltaicos son una invención relativamente reciente en la historia humana. Previamente hablamos de las celdas fotovoltaicas. Una celda es algo pequeño, generalmente 6" x 6" y apenas generan 0.5 - 0.6 voltios cada una. Para cubrir nuestra necesidad de energía eléctrica necesitamos muchas, muchas,

muchas celdas. Son muy frágiles, gracias a Dios que podemos adquirirlas ensambladas en lo que llamamos paneles fotovoltaicos. Como mencionado en secciones anteriores, las celdas de Silicio son las más comunes y costo-efectivas hasta el momento, por lo que continuaremos adelante considerando primordialmente este tipo de panel fotovoltaico. Son económicos, duraderos, de alta eficiencia y accesibles en el mercado.

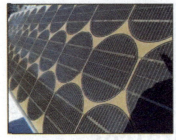
Fuente: Solar Power

Para comprender el giro tan grande que está dando el mundo hacia la energía solar y los reducidos costos de los paneles solares, es necesario mencionar que para 1976, el costo de los paneles era de unos $100/Watt. Los paneles eran de celdas redondas y de baja eficiencia, del orden del 2-5%

.

Eso significa que un panel de 50 Watts tendría un costo de $5,000. ¿Literalmente para ricos, verdad? En aquella época las celdas eran utilizadas para producir electricidad en satélites como el Vanguard 1 en el espacio y muy pocas aplicaciones adicionales. Gracias a Dios que hoy día, con esa misma cantidad de dinero usted pudiera comprar 200 paneles de esa misma capacidad y con mejor tecnología, eficiencia y durabilidad.

Fuente: NASA

En el capítulo anterior de las celdas fotovoltaicas, conocimos las diferentes tecnologías dominantes de celdas de silicio y las emergentes. Ya sabemos cómo trabajan y en esta sección deseamos considerar los paneles o módulos, sus usos, capacidades, descripciones, especificaciones, clasificaciones, durabilidad y algunos detalles adicionales de mayor importancia. Más adelante haremos los cálculos para determinar cuántos paneles necesita para su propio arreglo. La razón de estudiar primero los detalles de instalación y las pérdidas que pudiera tener en su sistema, es que usted pudiera instalar un arreglo fotovoltaico de 10 kW y producirle la mitad o menos, tan solo por ignorar detalles importantes de instalación y tecnología requerida.

Algunas configuraciones actuales de paneles fotovoltaicos

Antes de desarrollar el tema a profundidad, necesitamos ver en que estatus está la energía solar en el mundo. A nuestros participantes les enseñamos que estamos en el mejor momento de la historia para invertir en un sistema de energía solar. Esto porque hay una gran disponibilidad de equipos y sistemas fotovoltaicos disponibles en el mercado y a precios rentables o costoeficientes.

¡Y esperamos que se ponga mejor!

Al presente tenemos fincas solares alrededor del planeta donde se instalan millones de paneles fotovoltaicos para producciones increíbles y cada día se aspira a construir instalaciones fotovoltaicas de mayor tamaño, producción y rentabilidad. Unas son instalaciones fijas a ángulos óptimos de inclinación y otras tienen sistemas automáticos para seguir al sol, *sun trackers*.

Fuente: Clean Technica

En países alrededor del mundo se están instalando fincas solares flotantes, aprovechando las vastas áreas disponibles sobre lagos y cuerpos de agua de poco movimiento. Esto permite liberar o utilizar espacios de gran valor sobre tierra y a su vez el sistema se beneficia de trabajar con temperaturas más frescas, aumentando el desempeño de producción eléctrica y reduciendo la evaporación. Aún el ejército en Fort Bragg, la base militar más grande de Estados Unidos, utiliza estas fincas flotantes.

Ciertamente la necesidad es la madre de la invención. Hay compañías innovando y ésta ha creado un girasol solar gigante. Se ajusta al movimiento aparente del sol, tiene todo el sistema fotovoltaico integrado y produce un 40% mayor a los paneles fijos. Claro, todavía tienen un costo muy elevado, pero son una chulería en pote.

Fuente: Smart Sunflower

Fuente: First Green

En diversas partes del mundo los arreglos fotovoltaicos sobre canales están ofreciendo numerosas ventajas que sobre tierra, aunque el costo de las estructuras es mayor. Aparte de aprovechar espacios sin uso, produce la energía cerca de los usuarios, reduce la proliferación de algas, provee paseos peatonales y ayuda a reducir considerablemente la evaporación de agua, recurso muy valioso,

Fuente: José Fael

especialmente en las localidades donde es escaso, como esta foto en India.

Un sistema de energía renovable puede ser pequeño, de *backup*, para suplir cargas críticas en caso de emergencia como este carrito de golf de uno de nuestros participantes, José Fael. Luego del huracán María en Puerto Rico, en el 2017, remplazó la capota por un panel fotovoltaico y lo transformó en su fuente de energía eléctrica de resguardo.   *¡Admirable!*

En años recientes hemos visto el auge de los estacionamientos solares o *carports*. Los tenemos en centros de convenciones, boleras, hospitales, industrias, farmacias y residencias. Generalmente están conectados con medición neta por la alta producción energética.

Fuente: Alibaba

¡Que lindos se ven, maravilloso!

Otros usos de energía solar.

Fuente: ESCAM

Fuente: Lowes

Fuente: Litel Solar

Fuente: VGLORY

Fuente: Recreate

Fuente: Alibaba

Fuente: Voltaic Systems

Fuente: Green Sun

Paneles fotovoltaicos con celdas de Silicio

Mono cristalino	Poli cristalino	Bifacial

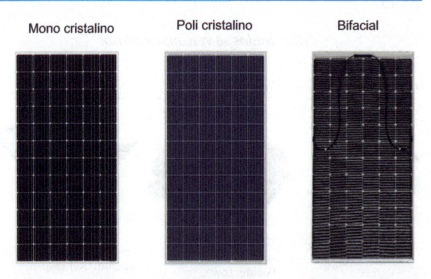

Ya que tenemos la oportunidad de comprar los módulos solares fabricados, podemos acelerar el proceso de diseño e instalación de nuestro arreglo fotovoltaico. En teoría los paneles poli crista-linos son los de menor eficiencia y se espera una producción fo-tovoltaica un poco menor que con los demás. A pesar de ello, estudios de campo en Puerto Rico muestran que los diferentes paneles fotovoltaicos de silicio, decir mono cristalinos, poli cris-talinos y bifaciales, tienen un desempeño relativamente similar para módulos del mismo tamaño y en la misma instalación. Esto se debe a que los paneles mono cristalinos, de mayor eficiencia, tienen pequeñas áreas en forma de diamante entre celdas que no producen y son más oscuros, reduciendo su eficiencia por moti-vos de temperatura. Por otro lado, los paneles bifaciales no cuentan con el beneficio de altos niveles de albedo para sumar la producción de la cara posterior. Dicho esto, cualquiera de ellos le debe hacer un buen trabajo.

De todas maneras, hay unas características importantes que de-bemos considerar para hacer una buena inversión. Debemos recordar tres cosas. **Primero**, que lo barato sale caro. **Segundo**, no todo lo que brilla es oro. **Tercero**, tenga cuidado sí parece de-masiado bueno para ser verdad.

Garantías de los paneles fotovoltaicos

La mayoría de los manufactureros de paneles solares dividen la garantía en dos términos. **Primero** es la *garantía del producto*, generalmente entre 10 a 12 años. En este caso, el producto está

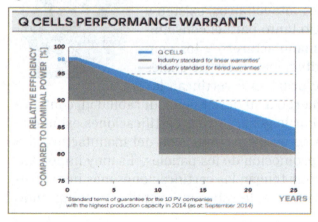

garantizado con-tra defectos de manufactura y desempeño, sien-do variadas las letras chiquitas de acuerdo a cada compañía. Es bueno orientarse antes de invertir, especialmente en sistemas de gran cantidad de paneles fotovoltaicos.

Segundo, el manufacturero ofrece una *garantía de productividad lineal* a 25 o 30 años. En este caso, se garantiza la *longevidad* de producción fotovoltaica de un módulo solar. La mayoría de los paneles que están saliendo al mercado recientemente garantizan un 85% de producción a 25 años o mayor. ¡Esto es fascinante! Imagine usted que tiene un arreglo solar instalado hoy y en 25 años de uso todavía le produzca el 85% o más de su capacidad inicial.

¡Eso está fenomenal!

Los paneles solares modernos utilizan mejores celdas, conductores, diodos de *bypass,* cristales con anti reflectivos, son más livianos, con lámina posterior más duradera, mejor estructura, mejores sellos, entre tantas cosas. ¡Son cada día más económicos y esto solo debe ponerse mejor!

Es probable que nunca tenga problemas con sus paneles fotovoltaicos si hace una instalación adecuada y bien diseñada. Adquiera calidad y tendrá buen desempeño por décadas a venir.

Certificaciones de los paneles fotovoltaicos

A pesar de que normalmente el ciudadano de a pie no tiene en consideración las certificaciones de los paneles fotovoltaicos, existen y son de gran beneficio tanto para el consumidor, como para el manufacturero y los vendedores. Hay instituciones internacionales independientes que prueban y certifican los componentes de acuerdo a su desempeño, durabilidad, confiabilidad y seguridad. Por lo general estas certificaciones están disponibles directamente en las páginas web del manufacturero o en los panfletos de promoción de los paneles. Es muy importante adquirir paneles que tengan las certificaciones más importantes, pues es la única forma de saber que usted está comprando un buen producto. Es difícil adquirir estas certificaciones con los vendedores, la mayoría ni sabe que están disponibles. Existen dos instituciones internacionales independientes principales. Ambas generan múltiples certificaciones para beneficio del consumidor, pero solo vamos a mencionar varias de las más importantes.

La primera es **UL: Underwriters Laboratories.** Bien conocida por las certificaciones y logo en la mayoría de los electrodomésticos que utilizamos, equipos industriales, materiales plásticos y más. En este caso buscamos una certificación en particular.

UL 1703: Cubre tanto lo eléctrico como lo mecánico del módulo fotovoltaico.

> Cualquier panel fotovoltaico que considere adquirir debe contar con la Certificación UL 1703.

La segunda es **IEC: International Electrotechnical Commission.** Ellos tienen una serie de certificaciones que otorgan en base a pruebas que le hacen a los módulos. Veamos las más importantes y que evalúan.

IEC 61215. Para paneles de cristales de silicio. Prueban las características eléctricas, entre ellas corriente, voltaje y potencia en condiciones estándares. También prueban la resistencia a cargas de viento y nieve, pruebas climatológicas como impactos de granizo, rayos ultra violeta y algunas consideraciones adicionales.

IEC 61701. Prueba de corrosión por salitre. Esta certificación es muy importante para arreglos fotovoltaicos que van a ser instalados cerca de la costa.

IEC 61730. Esta norma aborda los aspectos de seguridad de un panel solar, que abarca tanto una apreciación de la construcción del módulo como los requisitos de prueba para evaluar la seguridad eléctrica, mecánica, térmica y contra incendios.

IEC 61646. Esta norma trata la durabilidad de los paneles flexibles o de celda fina.

En resumidas cuentas, las etiquetas de las certificaciones de **UL®** o **IEC®** le proveen certeza de que lo que dice el manufacturero que sus paneles fotovoltaicos van a hacer, resistir o producir, ha sido evaluado con rigurosidad por instituciones ajenas a ellos y han sido aprobados. Usted no tiene que probarlos, ya lo hicieron por nosotros. Solo asegúrese de no comprar solo por precio u ofrecimientos, sino que tenga las etiquetas que lo garanticen.

Sé que está deseoso de calcular cuántos paneles solares necesita para su proyecto. Probablemente sea un buen momento para tomarse una tacita de café mientras conocemos sobre la luz e instalación de los paneles fotovoltaicos para garantizar un desempeño óptimo.

Instalación de los paneles fotovoltaicos

Dos cosas muy importantes para la instalación de los paneles

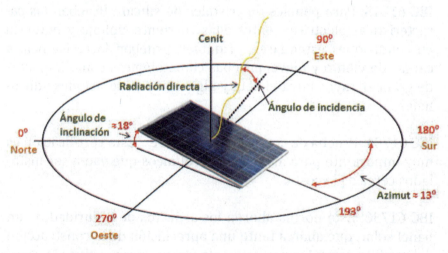

fotovoltaicos, [6]*orientación e inclinación*. Hemos mencionado que los arreglos fotovoltaicos instalados en ubicaciones sobre la línea del Ecuador, se instalan de Norte a Sur a un azimuto de 193º, considerando la declinación magnética actual de 13º. Para esto utilizamos la brújula.

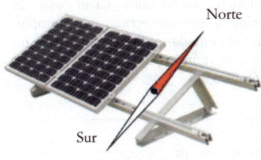

Norte

Sur

Fuente (Modificado): Alibaba

A su vez, el **ángulo de inclinación** óptimo para una instalación fija, debe ser el mismo ángulo de la latitud ± 15º. Puerto Rico se encuentra en la latitud de 18º N. Para otras localidades puede verificar en el globo terráqueo, oficinas locales o en el internet.

Veamos el caso de Puerto Rico. A pesar de que el sol siempre sale de este a oeste, como en **verano** el sol sale más alto, el ángulo óptimo de inclinación es de 18º - 15º = 3º. En el **invierno** el sol sale más bajito, por lo que el ángulo óptimo de inclinación es 18º + 15º = 33º. Normalmente hacemos instalaciones fijas que resistan vientos de tormentas y huracanes, por lo cual nuestra instalación óptima permanente conviene estar a 18º de inclinación, siempre que las condiciones lo permitan. En ocasiones tenemos techos inclinados o de varias aguas. En ese caso tiene que decidir por la estética o por la productividad.

En nuestra opinión, siendo que el costo de los paneles fotovoltaicos está muy accesible, debemos mantener la estética e instalar según el ángulo de inclinación de nuestros techos o cercano, si ésta lo permite. ¡En otras palabras, la instalación debe verse bien! Posiblemente haya que compensar con unos pocos de paneles adicionales por la pérdida si no logramos hacer la instala-

---

[6] No siempre se puede hacer una instalación a una orientación e inclinación óptima. En ese caso, ajustarse a las circunstancias particulares de la localización.

ción al ángulo óptimo. De otro modo, es necesario hacer instalaciones con mayores costos de estructura y menor estética.

Fuente: Johnson

Para determinar el ángulo de inclinación a la hora de la instalación de nuestro arreglo fotovoltaico, pudiéramos hacer uso de operaciones trigonométricas muy complejas para el ciudadano de a pie o utilizar un simple y económico instrumento llamado **inclinómetro**.

Inclinómetros

Un inclinómetro es un instrumento de medición que sirve para medir la inclinación de un plano respecto a la superficie terrestre. Puede ser análogo, nuestro preferido, similar al de la izquierda superior o puede ser digital, como el presentado a la derecha. Simplemente lo pone sobre el panel fotovoltaico, inclina el panel a los grados deseados, 18º en nuestro caso y ajusta las bases.

Fuente: Bosch

¡Muy sencillo Ah!

Bases para instalación de los paneles fotovoltaicos

Los paneles fotovoltaicos deben estar instalados de manera que resistan los vientos huracanados, el salitre donde requiera y los elementos a lo que estén expuestos. Una buena instalación puede garantizar alta eficiencia, productividad y durabilidad del arreglo fotovoltaico. Los módulos solares deben asegurarse, montarse y ajustarse en una estructura muy estable y duradera, protegiendo el arreglo, donde aplique, contra los efectos

del viento, granizo, lluvia, nieve e incluso terremotos o temblores. Se montan en el suelo, en techos, en postes, hasta en el espacio, pero nunca bajo la sombra.

Hay diferentes tipos de bases de acuerdo a la instalación requerida. Veamos algunos de los sistemas generalizados.

Los rieles montados en el techo son el tipo más común de instalación residencial. Existen muchas marcas y modelos disponibles. Generalmente son de aluminio. Consta de los rieles, las bases de planchuelas o tubos, las abrazaderas y las expansiones. Es común ver ofertas de todo incluido, pues cada compañía distribuye sus propios aparatos y muchas veces no son compatibles con otras marcas. Es recomendable que selle el techo antes de la instalación y cuente con suficiente espacio disponible para darle mantenimiento al techo luego de montado el arreglo fotovoltaico.

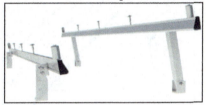

Fuente: Iron Ridge

Los podemos instalar en cualquier tipo de techo que tenga la capacidad estructural suficiente y buen acceso a la luz solar.

Trabajar en el techo de una estructura representa peligro de caída y debe tener cuidado con las instalaciones eléctricas existentes.

Hay variación en el tipo de anclaje necesario para la instalación dependiendo del tipo de techo donde se va a instalar.

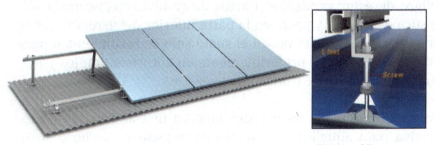

Fuente: G solar

Fuente: Aliexpress

Los paneles fotovoltaicos montados sobre techos de zinc o galvalum, necesitan anclajes especiales (*hay mucha variedad*). Es vital anclar directamente a los *purlings* o vigas, pues el galvalum del techo, aunque sea *gage* 24, no es lo suficientemente fuerte para resistir las cargas de viento sobre el arreglo fotovoltaico.

Los rieles montados en el suelo se utilizan principalmente para montar paneles solares en el patio, en cualquier lugar adecuado de su propiedad. Si su techo carece de área suficiente para un montaje o está muy sombreado por árboles o alguna obstrucción en la trayectoria del sol, ésta es una alternativa viable.

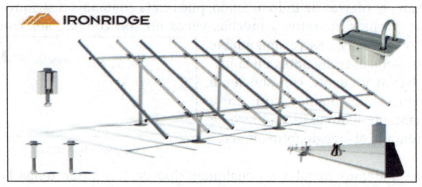

Fuente: Iron Ridge

Por lo general estas instalaciones son ajustables, para permitirles inclinarla hacia arriba o hacia abajo, con el objetivo de obtener la máxima absorción solar en las diferentes estaciones del año.

Puede ser que las estructuras montadas en el suelo corran el peligro de estar expuestas a actos de vandalismo, acumulación de suciedad, hojas y pasto en la parte inferior del arreglo. Por lo tanto, las bases montadas en el suelo solo se recomiendan para ubicaciones seguras, preferiblemente en entornos limpios y restringidos al acceso de transeúntes.

Los rieles montados en paredes ofrecen una alternativa costoefectiva para aquellos que no tienen espacio en techo o suelo para su arreglo fotovoltaico. Se pueden instalar como cortinas o techos para balcones.

¡No hay excusas para no tener un sistema de energía renovable!

Fuente: Kinetic

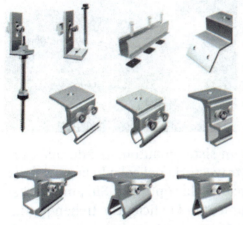

Fuente: Global Sources

Sea cual sea su arreglo fotovoltaico, va a necesitar una cantidad de bases para poder hacer su instalación de forma segura.

Hay un sinfín de marcas y modelos, que deben ser compatibles con los rieles que va a utilizar. Generalmente las tiendas de productos fotovoltaicos tienen gran variedad disponible.

Sistemas de seguimiento, rastreadores o sun trackers

Los rastreadores se pueden utilizar para todo tipo de sistemas de seguimiento solar, así como para sistemas remotos o pequeños, tales como de bombeo de agua. Estos montajes permiten un máximo de irradiación solar que se puede utilizar para generar electricidad.

Son costosos y poco comunes o necesarios en

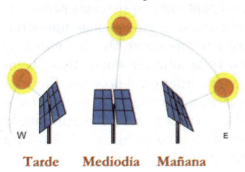

Tarde   Mediodía   Mañana

Fuente (Modificado): DGIT

113

nuestro clima tropical. En otras palabras, cuesta mucho más añadir un sistema de seguimiento solar que añadir paneles adicionales a nuestro arreglo fotovoltaico.

Hay dos tipos diferentes de estructuras que se pueden instalar para sistemas de seguimiento. Las de un eje y las de dos ejes. Las mismas necesitan mayor mantenimiento que una instalación fija y no se ven mucho por allí.

Los rastreadores de un eje están diseñados para rastrear el movimiento del sol de este a oeste, mientras que los sistemas de dos ejes rastrean en ambas direcciones.

Los rastreadores solares son un sistema automatizado que permite que sus paneles sigan la trayectoria del sol a lo largo del día para una exposición y recolección solar óptimas. Sin embargo, si bien los seguidores solares aumentan la eficiencia, tienen potenciales desventajas: la adición de una parte móvil que eventualmente se puede dañar, consume energía para operar y causa problemas para el arreglo fotovoltaico si no se mantiene en óptimas condiciones.

Estos sistemas de seguimiento del sol pudieran ser rentables en sistemas pequeños o por el contrario, en sistemas industriales, pero hay que hacer bien los números de costo vs producción energética adicional para no perder en el proceso. Hay muchas marcas y modelos que puede considerar si es su necesidad. Lo importante es que considere el costo inicial adicional y a largo plazo, así como el mantenimiento y reemplazo de piezas que puedan dañarse.

¿Sabía usted que…?

Estamos en la era donde algunos de los paneles fotovoltaicos se están imprimiendo en impresoras industriales, formando paneles flexibles de bajo costo, livianos y de buena eficiencia. Falta un poco de investigación y desarrollo adicional para aumentar su longevidad y el mundo solar será transformado nuevamente.

Espaciamiento entre las líneas de paneles fotovoltaicos

En esta sección atenderemos la distancia mínima necesaria entre las filas en nuestro arreglo fotovoltaico. Necesitamos considerar, aunque de forma sencilla, una distancia mínima para que una línea de paneles no le produzca sombra a la otra. De lo contrario, estaríamos perdiendo mucha producción fotovoltaica.

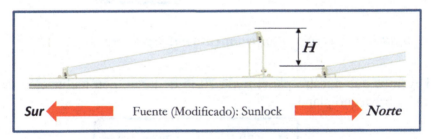

Fuente (Modificado): Sunlock

Sur — *Norte*

Antes que nada, para evitar sombras entre líneas es fundamental instalar los paneles a la orientación de norte verdadero hacia el sur y a unos 18º de inclinación en Puerto Rico.

La distancia **H** en techo plano, depende del largo del panel a utilizar y del ángulo de inclinación de 18º. Si el techo no es plano, tiene que hacer cálculos adicionales que consideren la pendiente existente. Recuerde que hacemos la instalación utilizando el inclinómetro, pero para el distanciamiento mínimo entre filas tenemos que hacer algunos cálculos simples. Puede verificar el largo del panel en la etiqueta o utilizar una cinta de medir si no tiene el dato.

La altura $\boxed{H = (L) \sin (\theta)}$

Donde L = largo del panel en pulgadas
θ es el ángulo de inclinación en grados

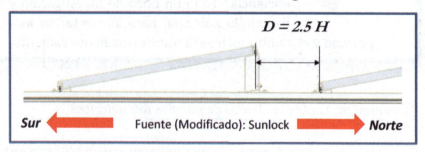

Fuente (Modificado): Sunlock

Es generalmente aceptado que la distancia entre filas debe ser 2.5 veces la altura **H**.

O sea, el distanciamiento entre filas $\boxed{D = 2.5\,H}$

-Ejemplo de cálculo de espaciamiento entre paneles.

Digamos que nuestro panel mide 70 in de largo, con inclinación de 18° sobre techo plano.

$$H = (70 \text{ in}) \sin (18^\circ) \approx 22 \text{ in}$$

Ojo: La calculadora debe estar en grados y no en radianes.

En este caso, el distanciamiento mínimo entre filas, es:

$$D = 2.5 \,(22 \text{ in}) = 55 \text{ in}$$

En el ejemplo que atendimos anteriormente, para un panel foto-voltaico típico de 70 in de largo, instalado en techo plano, la diferencia en elevación para una inclinación de 18º dio como resultado 22 in y una separación mínima entre filas de 55 in. Este espacio es beneficioso para caminar y darle mantenimiento al arreglo solar y al techo y necesario para evitar sobras de línea a línea.

Si no cuenta con el espacio para acomodar el arreglo fotovoltaico con separación suficiente entre líneas, puede hacer la instalación en bloques, como tenemos en la ilustración.

En esta sección, hasta ahora hemos compartido los aspectos más importantes de los paneles fotovoltaicos. Hablamos de las tecnologías más comunes, los sistemas de instalación, el espaciamiento entre las líneas y antes de pasar a otros temas, quisiéramos tratar la cabida o cantidad de paneles fotovoltaicos que puede instalar en un área determinada.

¿Cuántos paneles fotovoltaicos caben en un área?

Ojalá pudiésemos ofrecerle una solución que aplique a todos los casos, pero es prácticamente imposible. Depende de muchas circunstancias y de los paneles fotovoltaicos que va a utilizar. En general, debe considerar un área de 20 pies cuadrados por cada panel fotovoltaico de cerca de 350 watts cada uno.

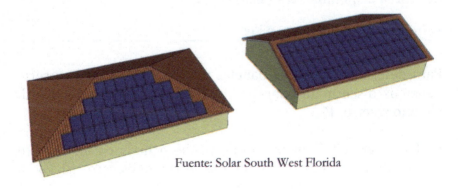

Fuente: Solar South West Florida

Es común contar con 60% del área del techo sin obstrucciones.

> ### Cantidad de paneles que caben en un área
>
> $$= \frac{(\text{Área })(\% \text{ Área sin } obstrucciones)}{(\text{Área del panel fotovoltaico})}$$

-Ejemplo de cabida de paneles en un área.

Digamos que usted tiene un techo de 40 pies de ancho, por 50 pies de largo. Allí tiene un área para instalación de 40 ft x 50 ft = 2,000 ft². Según mencionado, los paneles típicos cerca de 350 watts, cubren un área promedio de 20 ft² cada uno. Considerando 60% del área sin obstrucciones, puede instalar:

> **Cabida para paneles** $= \frac{(2{,}000 \text{ ft2})(0.60)}{(20 \text{ ft2})} = 60 \text{ paneles}$

Siendo que hay que dejar un espacio entre las líneas para que la sombra de los arreglos no afecte al sistema, ciertamente podría instalar al menos 40 paneles sin problema alguno. Ese es el caso general en nuestro país. Casi todo el mundo tiene espacio de sobra en sus techos para producir la energía que requiere, incluyendo las fábricas y los comercios. Haga sus cálculos y determine el área disponible en su instalación.

Voltaje de circuito abierto o Voc

Para determinar cuántos paneles podemos conectar por serie, debemos discutir un concepto nuevo para muchos. **Voltaje de circuito abierto,** V_{OC}.

El V_{OC} es el voltaje máximo que puede ocurrir en un circuito, cuando este está desconectado y la corriente es cero. El V_{OC} de cada panel está detallado en la etiqueta que está pegada en su parte posterior y...

El V_{OC} se puede medir poniendo el panel fotovoltaico normal o perpendicular al sol. *Precaución es necesaria para evitar un fuetazo eléctrico.* Se utiliza un voltímetro DC con el panel desconectado, o sea, circuito abierto. El panel fotovoltaico tiene que estar expuesto al sol directamente, sin sombras ni obstrucciones. Al medir el voltaje con el voltímetro, debe obtener un valor cercano al voltaje máximo que dicho panel indique en la etiqueta, llamado V_{OC}. Los paneles que típicamente utilizamos en instalaciones residenciales tienen un voltaje máximo (V_{OC}), de entre 40 V a 50 V. Paneles fotovoltaicos de 50 V_{OC} o mayor son preferibles para sistemas residenciales de altos voltajes (> 150 V_{OC}) y para usos comerciales e industriales.

El voltaje aumenta con el frío y disminuye con el calor.

Como ese es el voltaje máximo que pudiera suceder, el *NEC®* nos señala que tenemos que considerarlo en nuestro circuito para que el voltaje máximo no exceda los límites de voltaje de entrada del controlador.

No asegurarse de que el voltaje del arreglo fotovoltaico esté en los límites correspondientes, representa un peligro para el equipo, componentes, propiedad y personal. Una vez el sistema esté conectado y produciendo corriente, el *Voc* no debiera suceder en circunstancias cotidianas. Pero por si acaso sucediese, tenemos que considerarlo para que nuestro diseño sea seguro.

Hay dos formas para determinar el voltaje máximo en un circuito fotovoltaico. **Primera forma** y la más sencilla es utilizando los factores de temperatura disponibles en la Tabla 690.7 del NEC®. Para ello necesita saber cuál es la temperatura mínima histórica en el lugar de la instalación.

Table 690.7 Voltage Correction Factors for Crystalline and Multicrystalline Silicon Modules

Correction Factors for Ambient Temperatures Below 25°C (77°F). (Multiply the rated open circuit voltage by the appropriate correction factor shown below.)

Ambient Temperature (°C)	Factor	Ambient Temperature (°F)
24 to 20	1.02	76 to 68
19 to 15	1.04	67 to 59
14 to 10	1.06	58 to 50
9 to 5	1.08	49 to 41
4 to 0	1.10	40 to 32
−1 to −5	1.12	31 to 23
−6 to −10	1.14	22 to 14
−11 to −15	1.16	13 to 5
−16 to −20	1.18	4 to −4
−21 to −25	1.20	−5 to −13
−26 to −30	1.21	−14 to −22
−31 to −35	1.23	−23 to −31
−36 to −40	1.25	−32 to −40

$$V_{OC} = V_{OC\,panel} \times \text{Factor de corrección}$$

El **factor de corrección** es por temperatura menor a la temperatura ambiente de 25ºC, según Tabla 690.7 del NEC®, porque el voltaje aumenta cuando disminuye la temperatura.

Nuestra temperatura ambiente diurna en Puerto Rico se mantiene sobre 25º C o 77º F, por lo que el factor de corrección es 1 y no se altera el cálculo del voltaje por efectos de temperatura ambiente. Para aquellos que viven en localidades frías, deben utilizar la Tabla 690.7 vigente del *NEC®* cuando vayan a calcular el *V$_{OC}$* porque el voltaje aumenta considerablemente con el frío.

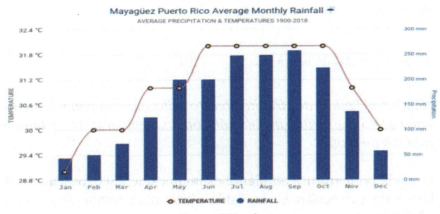

Fuente: Hikersbay

En la gráfica de arriba mostramos unas tabulaciones de temperatura ambiente promedio mensual, diurna y nocturna para el pueblo de Mayagüez, Puerto Rico, entre 1900-2018, siempre por encima de los 25º C.

En la siguiente gráfica vemos el promedio anual de temperatura ambiente diurna y nocturna para Mayagüez, Puerto Rico. Aquí

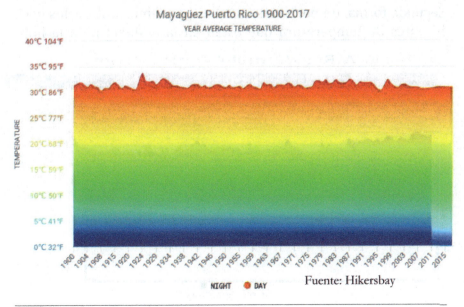

Fuente: Hikersbay

se muestra que la temperatura diurna promedio anual excede o se mantiene cerca de los 30º C. Por lo tanto no tenemos que utilizar factores de corrección por temperatura ambiental para el cálculo de voltaje en Puerto Rico.

-Ejemplo #1 de cálculo de V_{OC}.

¿Cuál es el voltaje de circuito abierto utilizando un panel fotovoltaico de 45 V_{OC} en una instalación con una temperatura ambiente mínima de -10C?

Como la temperatura ambiente es menor que 25ºC, buscamos el factor de corrección en la Tabla 690.7 para temperatura de -10ºC = 1.14.

$$V_{OC} = 45\ V_{OC} \times 1.14 = 51.3\ V_{OC}$$

En Puerto Rico, con factor de ajuste por temperatura de 1, el voltaje sería 45 Voc.

Segunda forma, un poco más compleja, podemos utilizar los coeficientes de temperatura que están en la etiqueta o en la hoja

390–400 W Residential A-Series Panels

Electrical Data		
	SPR-A400-BLK	SPR-A390-BLK
Nominal Power (Pnom)⁵	400 W	390 W
Power Tolerance	+5/−0%	+5/−0%
Panel Efficiency	21.4%	20.9%
Rated Voltage (Vmpp)	39.5 V	39.0 V
Rated Current (Impp)	10.1 A	9.99 A
Open-Circuit Voltage (Voc)	48.1 V	48.0 V
Short-Circuit Current (Isc)	10.9 A	10.8 A
Max. System Voltage	1000 V UL	
Maximum Series Fuse	20 A	
Power Temp Coef.	−0.29% / °C	
Voltage Temp Coef.	−136 mV / °C	
Current Temp Coef.	4.1 mA / °C	

Fuente: Sun Power

técnica del panel fotovoltaico.

Los paneles fotovoltaicos son probados y certificados en laboratorios en condiciones estándar de prueba o STC *(Standard Test Conditions).* La temperatura estándar de prueba es 25ºC o 77ºF. Cualquier reducción de la temperatura de prueba aumenta el voltaje producido por el panel. Donde amerite, en localizaciones frías por debajo de 25ºC, requiere corrección del voltaje máximo de acuerdo a la diferencia de temperatura entre las condiciones estándar y las de la instalación. En palabras más simples, el V_{OC} de la etiqueta del panel aplica solo a la temperatura estándar de prueba de 25ºC. Temperaturas por debajo de 25ºC aumenta el voltaje y hay que considerarlo.

> El NEC® requiere que se hagan estos ajustes por temperatura utilizando los valores suministrados por el manufacturero siempre que estén disponibles.

Le pueden ofrecer el coeficiente de temperatura en %/ºC o V/ºC o alguna variación en ºF o Kelvin. Para ello debe saber la temperatura mínima histórica en el lugar de la instalación y debe asegurarse de aplicar el coeficiente de temperatura al valor adecuado.

$$V_{OC} = V_{OC\,panel} + (T_{ambiente} - 25ºC) \times (\text{Coef. de ajuste por Temp.})$$

Donde el coeficiente de ajuste por temperatura debe estar en V/ºC.

- Ejemplo #2 de cálculo de VOC.

¿Cuál es el voltaje máximo, V_{OC}, del siguiente panel fotovoltaico?

Datos:
$V_{OC\,panel} = 48.1\ V$
$T_{ambiente} = 10ºC$

Coeficiente de temperatura = -0.136 V/ºC

$$V_{OC} = V_{OC\,panel} + (T_{ambiente} - 25ºC) \text{ x (Coef. de ajuste por Temp.)}$$

$$V_{OC} = 48.1\,V + (10ºC - 25ºC) \text{ x } (-0.136\,V/ºC) = \mathbf{50.14\,V}$$

En este ejemplo hemos podido ver que el voltaje aumenta de 48.1V a 50.14V tan solo por efecto de la temperatura ambiente.

¿Cuántos paneles fotovoltaicos puedo instalar por serie?

Debemos recordar que en los circuitos en serie se suma el voltaje y la corriente se queda igual. *Podemos instalar tantos paneles en serie, entre tanto la suma de los <u>voltajes máximos</u> (V_{OC}) de cada panel no exceda el límite del voltaje máximo V_{MAX} de entrada del controlador.*

① Con factor de corrección por temperatura de Tabla 690.7.

$$\text{\# Paneles por serie} = \frac{\text{Voltaje máximo del Controlador}}{(\text{Voc panel}) \; x \; (factor \; de \; correccion)}$$

② Con coeficientes de corrección por temperatura del manufacturero.

$$\text{\# Paneles por serie} = \frac{Voltaje \; máximo \; controlador}{\text{Voc panel} + [(\text{Tamb.} - 25ºC) \text{ x (Coef. de temperatura)}]} =$$

-Ejemplo #1 Paneles por serie:

¿Cuántos paneles puedo instalar por serie para un controlador con un $V_{MAX} = 300\,V$ y unos paneles fotovoltaicos con $V_{OC} = 40.5$ V, en una instalación con temperatura ambiente mínima de -6ºC <u>sin coeficientes de temperatura del manufacturero</u>?

Tendríamos que utilizar la Tabla 690.7 donde podemos obtener el factor de corrección por temperatura de -6ºC = 1.14. Entonces:

$$\text{\# Paneles por serie} = \frac{\text{Voltaje máximo del Controlador}}{(\text{Voc panel}) \; x \; (factor\ de\ corrección)}$$

$$\text{\# Paneles por serie} = \frac{300\ V}{(40.5\ V) \; x \; (1.14)} = 6.5\ paneles/serie$$

Como no podemos cortar los paneles por la mitad, ni sobrepasarnos del límite del voltaje del controlador, tendríamos que escoger un máximo de 6 paneles por serie.

Por otro lado, si la instalación fuera en Puerto Rico, temperatura ambiente de 25ºC o mayor, el factor de temperatura sería 1 y tendríamos lo siguiente:

$$\text{\# Paneles por serie} = \frac{300\ V}{(40.5\ V) \; x \; (1)} = 7.4\ paneles/serie$$

En este ejemplo vemos la diferencia que hace la temperatura ambiente en el voltaje máximo del circuito y los efectos en la cantidad de paneles que podemos poner por serie. Recordemos que depende del lugar de instalación y la temperatura ambiental mínima histórica, pues como hemos mencionado redundantemente, el voltaje aumenta con la disminución en temperatura.

En este ejemplo vimos que este panel fotovoltaico en Puerto Rico permite uno más por serie que en la localización con una temperatura ambiente mínima de -6ºC.

Hasta ahora hemos podido calcular el V_{OC} ajustado por temperatura ambiente de dos formas. Primero, utilizando los factores de corrección por temperatura de la Tabla 690.7 NEC® y segundo, utilizando el coeficiente de ajuste de voltaje por temperatura suministrado por el manufacturero. Hicimos un ejemplo para determinar la cantidad de paneles que podemos instalar por serie utilizando los factores de corrección de la Tabla 690.7 y ahora debemos hacer un ejemplo para determinar la cantidad de paneles que podemos instalar por serie utilizando los factores de corrección por temperatura suministrado por el manufacturero.

-Ejemplo #2 Paneles por serie:

¿Cuántos paneles puedo instalar por serie si el panel fotovoltaico es de Sun Power de 400W, según la etiqueta? Vamos a utilizar un controlador de uso industrial con un límite de $V_{MAX} = 1000V$. Temperatura ambiente de instalación es 9ºC. El V_{OC} es 48.1 V.

390–400 W Residential A-Series Panels

Electrical Data		
	SPR-A400-BLK	SPR-A390-BLK
Nominal Power (Pnom)⁵	400 W	390 W
Power Tolerance	+5/-0%	+5/-0%
Panel Efficiency	21.4%	20.9%
Rated Voltage (Vmpp)	39.5 V	39.0 V
Rated Current (Impp)	10.1 A	9.99 A
Open-Circuit Voltage (Voc)	48.1 V	48.0 V
Short-Circuit Current (Isc)	10.9 A	10.8 A
Max. System Voltage	1000 V UL	
Maximum Series Fuse	20 A	
Power Temp Coef.	−0.29% / ºC	
Voltage Temp Coef.	−136 mV / ºC	
Current Temp Coef.	4.1 mA / ºC	

Utilicemos los dos procedimientos para hacer los cálculos y comparar los resultados.

① Tabla 690.7. Factor de corrección para 9ºC es 1.08.

$$\text{\# Paneles por serie} = \frac{\text{Voltaje máximo del Controlador}}{(\text{Voc panel}) \times (factor\ de\ corrección)}$$

$$\# \text{ Paneles por serie} = \frac{1000 \text{ V}}{(48.1 \text{ V}) \, x \, (1.08)} = \boldsymbol{19.25 \; paneles/serie}$$

② Utilizando el coeficiente de ajuste de voltaje por temperatura de la etiqueta del panel, -0.136 V/ºC.

$$\# \text{ Paneles por serie} = \frac{Voltaje \; máximo \; controlador}{\text{Voc panel} + [(\text{Tamb.}- 25^\circ\text{C}) \, \text{x} \, (\text{Coef. de temperatura})]} =$$

$$\# \text{ Paneles por serie} = \frac{1000 \, V}{48.1 \text{ V} + [(9^\circ\text{C} - 25^\circ\text{C}) \, \text{x} \, (-0.136 \text{ V/}^\circ\text{C})]} = \textbf{19.9 paneles/serie}$$

Podemos observar que en este ejemplo, utilizando ambos procedimientos llegamos a la misma conclusión, 19 paneles fotovoltaicos por serie. Utilizando los valores de la Tabla 690.7 es un poco más sencillo, pero el NEC® requiere los cálculos con los coeficientes de temperatura suministrados por el manufacturero, siempre que estén disponibles.

¿Cómo calculamos el voltaje de circuito abierto Voc en nuestro arreglo fotovoltaico?

El voltaje se suma en las conexiones en serie.

V_{OC} serie= (# paneles en serie) (Factor de corrección) (V_{OC} Panel)

Veamos:

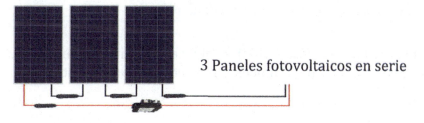

3 Paneles fotovoltaicos en serie

Digamos que el V_{oc} del panel fotovoltaico es 40.98 V y el factor de corrección (FC) por temperatura de la Tabla 390.7 del *NEC®* es 1, en Puerto Rico.

Entonces en este arreglo tenemos:

$$V_{OC} = 3 \times (1) \times (40.98 \text{ V}) = \mathbf{122.94\ V}$$

Para este arreglo necesita un controlador que trabaje sobre este voltaje de 123 V. La mayoría de los controladores que utilizamos a nivel residencial tienen un voltaje máximo de 150 V_{OC}, lo cual sería suficiente para este arreglo de tres módulos en serie con estos paneles fotovoltaicos.

Esto es típico en la industria a nivel residencial, series de tres paneles cuya suma de voltaje de circuito abierto V_{OC} no llegue a 150 V y conectados a controladores de 150 V_{MAX}. Para ello cada panel debe tener un $V_{OC} < 50$ V y un factor de corrección por temperatura de 1.

De ahora en adelante no vamos a escribir el factor de corrección por temperatura para Puerto Rico, pues 1 no altera los resultados.

Ampliaremos detalles en la sección de controladores, porque ellos vienen de diferentes voltajes.

El voltaje excesivo se considera un riesgo a la seguridad, mientras que **un voltaje muy bajo** se considera un problema de rendimiento.

Límites de voltaje en sistemas fotovoltaicos

El código eléctrico *NEC®* 2020 establece unos límites de voltaje para los sistemas fotovoltaicos en la sección 690.7- Voltaje Máximo.

Establece que el voltaje máximo de los circuitos DC del sistema fotovoltaico en viviendas de una y dos familias no excedan 600 voltios. Se permitirá que los circuitos DC del sistema fotovoltaico en otros tipos de edificios tengan un voltaje máximo de 1000 voltios o menos. Donde no esté ubicado en o dentro de edificios, los equipos fotovoltaicos DC pueden estar a un voltaje máximo de 1500 voltios o menos.

¿Cómo leer una etiqueta de un panel fotovoltaico?

En esta sección aprenderemos a leer los detalles más importantes que contiene una etiqueta de un panel fotovoltaico. Todos los paneles fotovoltaicos tienen una etiqueta pegada en la parte

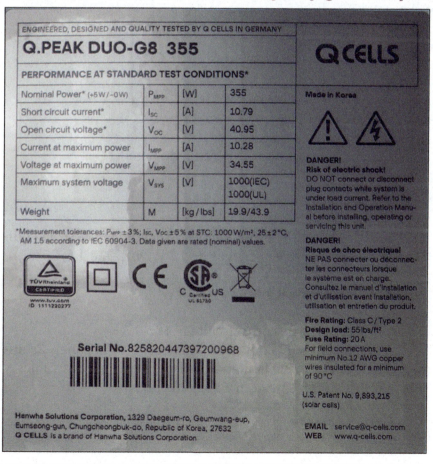

posterior. Hay mucha más información importante disponible en los panfletos promocionales de los módulos de primera calidad.

A pesar de que cada manufacturero diseña sus etiquetas a su estilo, son muy similares entre sí y se ciñen a lo que la ley les exige. Consideremos un panel mono cristalino de QCELLS. ¡Veamos!

Prácticamente todo el contenido de la etiqueta es importante, solo que no necesariamente para el diseño del arreglo. Parte del contenido es para aduanas y otra parte es promoción. El número de serie es para inventario y control de hurtos. Las otras dos partes nos conciernen, los parámetros de producción y las certificaciones.

Veamos algunos detalles:

1. La marca, **QCELLS**

2. Fabricado en Corea

3. Diseñado y probado en Alemania

4. **Modelo** Q.PEAK DUO-G8 355

5. **Los parámetros de productividad medidos a STC** (Condiciones estándar de pruebas de 1 $kW/m2$, [7]AM 1.5, 25º C)

6. **Potencia nominal máxima** = 355 W

7. **I$_{SC}$ o corriente de corto circuito** = 10.79 A
   Es la corriente máxima que puede generar el panel. Se utiliza para calcular la ampacidad para escoger los cables y cortacorrientes necesarios según el *NEC®*.

---

[7] La masa de aire *(AM,)* cuantifica la reducción en la potencia de la luz a medida que pasa a través de la atmósfera y es absorbido por el aire y el polvo.

8. V_{OC} o voltaje de circuito abierto = 40.95 V
   Es el voltaje máximo que puede producir el panel a 25ºC. Necesario para determinar cuántos módulos puede conectar por serie.

9. I_{MPP} o corriente de punto máximo = 10.28 A

10. V_{MPP} o voltaje de punto máximo = 34.55 V

11. V_{SYS} o voltaje máximo del sistema = 1,000 V
    Es el voltaje máximo del arreglo fotovoltaico.

12. Peso = 43.9 lb c/u

13. Clasificación contra incendios = Class C / Type 2
    Clase A y B ofrecen la mayor resistencia contra incendios.

14. Carga de diseño = 55 lb/ft^2
    Es la capacidad estructural del panel fotovoltaico. Este puede con 55 libras por cada pie cuadrado. No puede caminar sobre él.

15. Fusible o cortacorriente = 20 A
    Es el tamaño de fusible o cortacorriente DC al cual va a conectar las series hechas con este panel.

16. La etiqueta expresa que este módulo requiere una conexión eléctrica con un cable mínimo de 12 AWG. Utilizar cable más fino es un riesgo, mientras que más grueso mejora la eficiencia por menos pérdidas por calor.

Algunas de las certificaciones del módulo. Importante que cumpla con las certificaciones pertinentes de UL 1703, CSA, CE, IEC y [8]VDE. Cuando tiene una C y una US al lado de los logos, significa Canadá y Estados Unidos. El logo CE es certificado de cumplimiento de los estándares de seguridad de la Comisión Europea.

---

[8] Laboratorio de pruebas privado localizado en Alemania.

Algunos paneles fotovoltaicos traen más información en la etiqueta. Detalles adicionales como: las medidas, los coeficientes

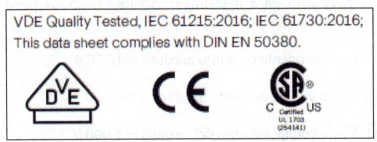

de temperatura, la durabilidad, el desempeño en distintos escenarios y algunos detalles que no necesariamente solicite a diario el consumidor común.

Un dato muy importante que queremos saber es la eficiencia del módulo, en este caso es 20.1 %. Otra son las garantías ofrecidas por la compañía. Qcell ofrece 12 años de garantía en el producto y 25 años en la productividad lineal de un 85%. Esta información la obtenemos del panfleto del producto.

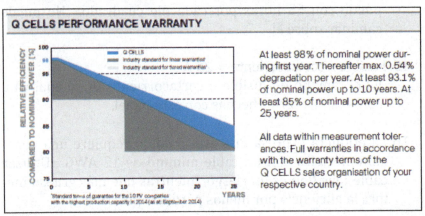

En este módulo, QCELL garantiza una producción del 98% de su capacidad original en el primer año de uso. Una degradación anual de 0.54%. Garantiza una producción de 93.1% de su capacidad original a los 10 años de uso y 85 % de capacidad original a los 25 años de uso. Esto es muy importante, porque luego de 25 años de uso este módulo debe producir **355 W (0.85)** ≈ **302 W**.

¿Qué no está fenomenal? ¡Y los hay mejores aún!

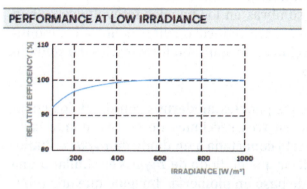

PERFORMANCE AT LOW IRRADIANCE

Typical module performance under low irradiance conditions in comparison to STC conditions (25 °C, 1000 W/m²).

Eso no es todo, veamos el desempeño de este módulo en diferentes valores de irradiancia.

Esta gráfica muestra una eficiencia relativa mayor al 90% desde bajas irradiaciones solares. Lo que muestra es el buen manejo de la radiación solar a valores menores que la irradiancia estándar de 1 kW/m². Prácticamente a partir de 400 W/m² tiene una eficiencia relativa de un 100%.

Efecto de las sombras en los paneles fotovoltaicos

Tenemos que hablar de las sombras, que para nada son buenas en un sistema solar. Los paneles fotovoltaicos son muy susceptibles a las sombras. De hecho, ningún módulo solar está o puede ser diseñado para producir electricidad en la sombra. Cuando están expuestos a ellas, no solo se pierde la producción del módulo afectado, también la de aquellos a los que este está conectado en serie.

Fuente: Twitter México

Fuente: LG Solar

Cuando el módulo es sombreado, esto produce un calentamiento en las celdas afectadas, que pasan de ser productoras a ser consumidoras, disipando energía en calor.

Esto se llama un punto caliente y es en detrimento del panel fotovoltaico. Los manufactureros han tratado de mitigar los efectos negativos de las sombras en los paneles fotovoltaicos y han dado con varias formas para reducir o evitar daños a los módulos y mitigar la reducción en producción fotovoltaica. Lo siguiente es un diseño típico.

Primero, los paneles modernos son divididos generalmente en tres secciones de celdas, donde cada sección está conectada a un diodo de *bypass*. Pudiéramos decir que el diodo de *bypass* es similar a una válvula de paso en plomería. Imagine que una tubería de agua tiene tres secciones con llave de paso cada una. En el caso que una parte presente problema, puede cerrar la llave de paso para esa sección y poder utilizar el resto. *Y eso, de forma automática.* Un panel de 60 celdas tiene un diodo de *bypass* para cada 20 celdas.

Los tres grupos de celdas están orientados en la vertical. Por lo tanto, una sombra en la dirección larga afectaría 1/3 de la producción del módulo, mientras que una sombra en la dirección corta afectaría toda la producción del panel.

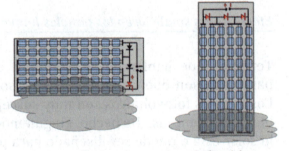

Fuente: Automatismo Industrial

Fuente: Alibaba

En otras palabras, los diodos *bypass* lo que hacen es "*apagar*" la producción de la sección afectada por la sombra para proteger el panel, para que las celdas afectadas sean sobrepasadas y se desconecten de la producción mientras estén sombreadas. Esto solo se puede hacer por áreas del panel, no por celda. Los diodos de *bypass* están conectados dentro de la caja de combinación del módulo.

Segundo, sabemos que cuando un módulo en una serie es afectado por alguna sombra, su

Fuente: Aliexpress

producción baja considerablemente y así la de todos los paneles que están en la misma serie. O sea, si un panel en una serie deja de producir corriente, todos en la serie también.

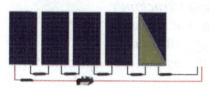

En serie, todos los módulos producen corriente por la que produzca el panel con menor producción. Esa es una de las razones por las que NO instalamos paneles diferentes en un mismo arreglo fotovoltaico.

Para atacar este problema, hay fabricantes que han creado equipos electrónicos llamados optimizadores DC, con tal de maximizar la producción de los paneles fotovoltaicos afectados por sombras en un arreglo fotovoltaico. Estos son equipos electrónicos adicionales, que se instalan directamente al módulo.

Marcas como Tigo, producen **optimizadores DC** que optimizan la producción de energía, habilitan el monitoreo y mejoran la seguridad de un arreglo con apagado rápido a nivel de módulo. Funcionan con cualquier instalación nueva o existente y se oculta en la parte posterior de los módulos.

Estos productos permiten que cada panel trabaje <u>independiente</u> a los demás. Utilizando estos

Fuente: Altenergymag

sistemas donde tenga problemas de sombra evita que toda la serie deje de producir. O sea, si tiene instalados optimizadores DC, cuando una sombra afecte a un módulo y éste deje de producir corriente, los demás no afectados continúan como si nada. Este beneficio viene a un costo y mantenimiento adicional, por lo cual es recomendado solo donde las sombras intermitentes son inevitable.

Tercero, vemos como recientemente manufactureros como *Maxim Integrated* incorporan los optimizadores DC con capacidades MPPT *(Maximum power point tracking)* 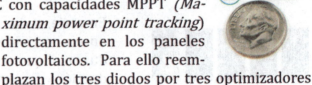 directamente en los paneles fotovoltaicos. Para ello reemplazan los tres diodos por tres optimizadores DC.

Algunos de los beneficios son una mayor cosecha de energía, la realización de MPPT por separado en cada cadena de celdas (de 6 a 24 celdas), elimina la falta de coincidencia de rendimiento en el nivel más granular, lo que proporciona un nivel superior de tolerancia a la sombra.

Fuente: Maxim Integrated

Permite un tamaño de sistema ampliado, mejora la confiabilidad del panel a largo plazo al eliminar los puntos calientes y minimizar el impacto de los mecanismos de degradación de la energía. Cuesta menos que los módulos con optimizadores DC tradicionales, *pero más que los paneles normales* y no requiere equipo adicional como micro inversores o servicios de datos y monitoreo.

En las siguientes ilustraciones *Maxim Integrated* compara el desempeño de paneles con diodos de *bypass* y los paneles con sus optimizadores DC con función MPPT. Es tecnología muy prometedora que ayuda a resolver los efectos de las sombras en los paneles fotovoltaicos.

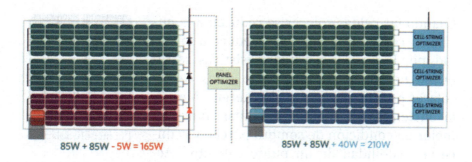

85W + 85W - 5W = 165W   85W + 85W + 40W = 210W

Cuarto, cada día se fabrican módulos fotovoltaicos de mayor tamaño. Como hemos mencionado, la producción solar es por unidad de área, así que para que los paneles produzcan más, simplemente tienen que ser más grandes, al menos con las celdas actuales de silicio, cuya eficiencia no puede aumentar mucho más.

Fuente: Coule Energy

Esto implica que a la hora de fabricarlos, tienen que conectar más celdas en serie para alcanzar los vatios o *watts* del panel. Para lidiar con algunos de los problemas de los paneles fotovoltaicos, hay compañías fabricándolos con las celdas cortadas a la mitad, *Half cell o Split cell.*

Los módulos solares de media celda tienen celdas solares cortadas a la mitad, lo que mejora el rendimiento y la durabilidad del módulo solar al reducir la corriente. Los paneles solares tradicionales de 60 y 72 celdas, tienen 120 y 144 celdas de medio corte, respectivamente.

Cuando las celdas solares se reducen a la mitad, su corriente también se reduce a la mitad, por lo que las pérdidas resistivas se reducen por un factor de cuatro y las celdas solares pueden producir más energía. Mejora la eficiencia del módulo estándar, funciona mejor en condición de sombra parcial y reduce la posibilidad de un punto caliente. Ac-

Fuente: Fly Solartech

tualmente hay compañías trabajando celdas cortadas en tres o más pedazos para reducir la corriente aún más y aumentar la eficiencia. En los próximos años veremos innovaciones sin precedente en sistemas de energía renovable.

Magnitud de un arreglo fotovoltaico

Para determinar el tamaño de un arreglo fotovoltaico necesitamos saber cuánta energía tenemos que colectar para suplir el consumo actual o esperado en la instalación.

Hay varias formas para determinar el consumo eléctrico de una

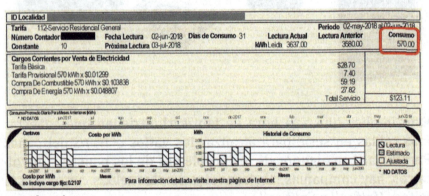

instalación.

La primera forma y la más sencilla, es utilizar la factura de electricidad de la utilidad eléctrica, pues en ella se factura el consumo de energía eléctrica mensualmente en *kWh*. En esencia y de estar correcto el sistema de medición, esa es la energía que utilizamos y necesitamos colectar o producir para suplir nuestra demanda. Claro, el sol sale todos los días, por lo cual debemos llevar ese valor mensual a un promedio diario, dividiéndolo por 30 días.

Para nuestro sistema fotovoltaico desconectado u *off-grid*, es buena práctica utilizar el consumo mensual más alto del año. De esta manera garantizamos, si se pudiera decir, que estamos diseñando para los días de mayor demanda en nuestros hogares. En el caso de Puerto Rico los días de mayor uso energético suelen ser en verano y afortunadamente coinciden con los días de mayor producción fotovoltaica.

En la factura eléctrica de Puerto Rico podemos ubicar el consumo en la parte superior derecha. En este ejemplo son **570 *kWh*** de energía. Aunque el costo por *kWh* varía de forma arbitraria y unilateral por parte de la utilidad, podemos determinar el costo que nos están facturando.

$$\text{Costo}/kWh = \$ \text{ factura} / kWh$$

En este caso, con factura de ejemplo, tenemos lo siguiente:

$$\text{Costo}/kWh = \$123.11 / 570 \, KWh = \mathbf{21.6¢}/kWh$$

Debemos recordar que este costo varía de acuerdo al precio de mercado del combustible y los gastos arbitrarios que la utilidad determine adjudicar. No tenemos forma de controlar estos precios y sabemos que va en aumento cada día, pero instalando un sistema fotovoltaico podemos tomar control sobre nuestra producción energética y ajustarlo a nuestra conveniencia.

La segunda forma disponible para determinar nuestro consumo energético diario es haciendo un estudio de carga en la residencia o instalación. Bien puede ser ejecutado por un profesional debidamente cualificado o instalando un medidor de potencia temporero o permanentemente. Ambos representan un costo, siendo el medidor de potencia una posible inversión con mayores beneficios a largo plazo, ya que ofrece monitoreo en tiempo real.

Existen muchos monitores de energía disponibles en el mercado. Puede escoger de acuerdo a su presupuesto y necesidades.

Sense Flex
Home Energy
Monitor

La tercera forma sería sumando los consumos de todos los equipos en el hogar o haciendo uso de tablas de consumo manuales o en línea. Ejemplo en el capítulo 11.

La cuarta forma para determinar consumo sería un estimado para instalaciones nuevas. Para ello hay que predecir el consumo de acuerdo a los equipos que se piensan utilizar y las horas de uso.

No podemos olvidar que en todo circuito y componente eléctrico hay pérdidas. A pesar que hacemos todo lo posible para limitar estas pérdidas, es imposible ignorarlas. Mientras mayor es la eficiencia de los componentes, menor el menoscabo. A su vez, al aumentar la temperatura en los paneles fotovoltaicos se reduce el voltaje y por ende la producción energética.

Temas a considerar para calcular la magnitud del arreglo fotovoltaico.

① El porciento de pérdida que vamos a utilizar en nuestros cálculos. Es posible una pérdida de 15% o más en nuestra producción solar por el calentamiento de los paneles fotovoltaicos y no podemos hacer mucho para evitarlo. Podría ser mucho mayor si no hacemos la instalación en la orientación e inclinación óptimas.

Los conductores con calibre bien seleccionado tienen pocas pérdidas, de 2-3%, al igual que en un buen controlador de carga [9]MPPT. Generalmente agrupamos todas las pérdidas en un por ciento <u>estimado</u> de 20% para no ser muy agresivos y mantener los cálculos simples, lo cual significa <u>una eficiencia del sistema de 80%.</u> Como perdemos 20%, le aumentamos un 20% al sistema fotovoltaico y listo. Puede asumir un 30% de pérdidas si desea hacer un diseño más conservador, o sea, un 70% de eficiencia del arreglo.

② Horas pico de irradiación solar promedio en la localización de instalación.

| | Irradiación Solar Promedio en San Juan, Puerto Rico |
| | kWh/m2 por día (ángulo de inclinación de 18 grados) |
Ene	Feb	Mar	Abr	May	Jun	Jul	Ago	Sep	Oct	Nov	Dic
5.1	5.6	6.1	6.1	5.4	5.5	5.6	5.8	5.7	5.4	5.1	4.8

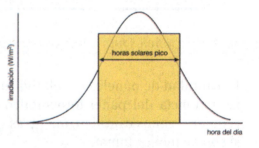

Este tema lo cubrimos en una sección anterior. Este valor nos permite estimar de forma lineal una producción con curva parabólica. Utilizamos 5.5 horas pico de irradiación para el diseño de nuestro sistema solar en Puerto Rico., aunque diferentes organizaciones utilizan valores cercanos a este.

¿Cuál es el tamaño del arreglo solar a instalar de acuerdo a un consumo de electricidad determinado?

$$\text{Arreglo Solar W} = \frac{(\text{Consumo mensual en kWh})(1000\,\frac{W}{kW})}{30\,\frac{\text{días}}{\text{mes}}\text{x(Horas Irradiación)x(Eficiencia Sistema)}}$$

[9] Maximum Power Point Tracking.

-Ejemplo de cálculo del tamaño de un arreglo solar

Datos:

-Consumo mensual según factura de la utilidad = 500 kWh
  -Horas de irradiación solar = 5.5 horas
  -Eficiencia del sistema = 80%

$$\text{Arreglo Solar W} = \frac{(\text{Consumo mensual en kWh})(1000\frac{W}{kW})}{30\frac{\text{días}}{\text{mes}}\text{x}(\text{Horas Irradiación})\text{x}(\text{Eficiencia Sistema})}$$

$$\boldsymbol{\text{Arreglo Solar W}} = \frac{(500\ kWh)(1000\frac{W}{kW})}{30\frac{días}{mes}x(5.5)x(0.80)} = \boldsymbol{3,788\ W}$$

¿Cuántos paneles fotovoltaicos necesito para un arreglo solar?

La cantidad de paneles es relativa al tamaño del arreglo solar y a la potencia del panel fotovoltaico a utilizar. Paneles grandes requiere menos cantidad, mientras que necesitaría más unidades si son de menor tamaño.

$$Cantidad\ de\ paneles = \frac{Arreglo\ solar\ en\ Watts}{Panel\ Watts}$$

-Ejemplo de cálculo de cantidad de paneles necesarios para un arreglo solar

  Datos:
  -Arreglo solar = 3,788 W
  -Tamaño del panel fotovoltaico = 325 W

$$Cantidad\ paneles = \frac{3,788\ W}{325\ W} = 11.65 = 12\ paneles$$

Estimado de costo de un arreglo fotovoltaico

Para tener una idea preliminar del costo de un arreglo fotovoltaico hasta la caja de combinación, podemos utilizar la siguiente fórmula.

> *Estimado de costo arreglo solar =*
>
> $[(Cantidad\ de\ paneles)x(Precio\ del\ panel) + (Precio\ de\ las\ bases) + (Costo\ Caja\ de\ combinación)]\ x\ (1.20\ de\ Gastos\ Misceláneos)$

-Ejemplo utilizando los resultados del ejemplo anterior:

-Cantidad de paneles = **12**

-Precio del panel fotovoltaico (promedio actual) = 0.50¢/W.
    Precio del panel = 325 W x $0.50/W = **$162.50**

-Precio de bases en aluminio (promedio actual) = **$50 x panel**

-Caja de combinación DC para un arreglo de 4 líneas ≈ **$200**

-Gasto misceláneo asumido. Incluyendo conductos, conductores e instalación (20% del costo del arreglo).

> *Estimado de costo arreglo solar =*
>
> $[(12\ Paneles)x(\$162.50) + (\$50\ x\ 12) + (\$200)]x\ (1.20) = \$3,300$

Debemos recordar que el arreglo fotovoltaico va a alimentar al controlador de carga, luego a las baterías, de allí al inversor. Costos que hay que considerar como un todo eventualmente.

Cálculo del arreglo fotovoltaico cuando hay más especificaciones disponibles.

Este procedimiento es más específico y certero para calcular un arreglo fotovoltaico si su necesidad es académica, comercial o industrial. Si requiere más exactitud en los cómputos y conoce las eficiencias de los equipos que va a utilizar, puede usar la fórmula que considera las diferentes eficiencias y hace el cálculo de una.

$$Arreglo\ Solar\ W =$$

$$\frac{(Consumo\ mensual\ en\ kWh)(1000\frac{W}{kW})}{30\frac{días}{mes}x(Horas\ Irradiación)x(Ef.controlador)x(Ef.conductores)x(Ef.Baterías)}$$

Donde generalmente:

- Eficiencia de controlador MPPT es un 95%
- Eficiencia conductores de cobre es 98%
- Eficiencia de baterías de *LiFePO$_4$* 90%
- Eficiencia de baterías ácido-plomo es 80%
- Horas de Irradiación para PR = 5.5 horas

Utilizando baterías de litio:

$$Arreglo\ Solar\ W = \frac{(570\ kWh)(1000\frac{W}{kW})}{30x(5.5\ h)x(0.95)x(0.98)x(0.90)} = \mathbf{4,123\ W}$$

Utilizando baterías de ácido-plomo:

$$Arreglo\ Solar\ W = \frac{(570\ kWh)(1000\frac{W}{kW})}{30x(5.5\ h)x(0.95)x(0.98)x(0.80)} = \mathbf{4,638\ W}$$

Eficiencia de un panel fotovoltaico

La eficiencia de un panel fotovoltaico es suministrada generalmente por el manufacturero. La misma es determinada bajo
condiciones estándares de laboratorio *STC*. En el caso de tener
un panel fotovoltaico sin la eficiencia identificada, podemos cal-
cularla de la siguiente manera:

$$\% \text{ Eficiencia panel} = \frac{Potencia\ del\ panel\ fotovoltaico}{(\text{Á}rea\ panel)(Irradiancia)}\ x\ 100$$

Donde la potencia se puede obtener de la etiqueta del panel, el
área se puede calcular con las dimensiones del panel en m². La
irradiancia solar es 1000 W/m².

-Ejemplo de cálculo de eficiencia de un panel fotovoltaico.

¿Cuál es la eficiencia de un panel fotovoltaico de 315 W con dimensiones de 1662 mm de largo x 1320 mm de ancho?

$$\% \text{ Eficiencia panel} = \frac{(315W)}{(1.662\text{m x }1.320\text{ m})(1,000\frac{W}{m2})}\ x\ 100 = \mathbf{14.4\%}$$

Conectores o terminales

Hay muchísimos tipos de terminales o conectores para conductores y cada clasificación tiene su uso. Como todos los demás
componentes de un sistema eléctrico, debe escogerlos de acuerdo al tipo de corriente, magnitud de voltaje y corriente, lugar de
instalación y siempre cumpliendo con los más estrictos niveles
de seguridad según requeridos por los códigos y autoridades
pertinentes en la instalación.

Los conectores proveen protección y seguridad en los extremos y conexiones de los conductores. Tienen que parear los tipos y calibres de los cables. Tienen una clasificación de temperatura de uso y no debe ignorarlo al momento de calcular la ampacidad del circuito para determinar el calibre de conductores a utilizar.

-Conectores MC4

Los conectores MC-4 son utilizados en las conexiones de los sistemas fotovoltaicos. Vienen instalados desde fábrica en los paneles fotovoltaicos y requieren del uso de una llave para abrirlos. Proveen protección contra el polvo, la tierra, humedad y lluvia, mientras evitan desconexiones accidentales que pongan en riesgo la instalación o el personal. Es importante saber que varían levemente por manufacturero y no todos los modelos son compatibles unos con los otros.

Para abrir inserte los dientes de la llave en los pines de desconexión del conector.

Luego hale ambos extremos y desconecte.

-Conectores MC4 múltiples

Hay ocasiones donde usted requiera conectar algunos paneles fotovoltaicos o series de paneles en paralelo. Para instalaciones permanentes recomendamos que haga uso de las cajas de combinación con cortacorrientes, pero hay ocasiones que en sistemas pequeños puede utilizar conectores múltiples para hacer combinaciones, como en instalaciones móviles o temporeras. Los conectores MC4 múltiples pueden ser rígidos, *branch conectors* o flexibles, *Y branch conectors.*

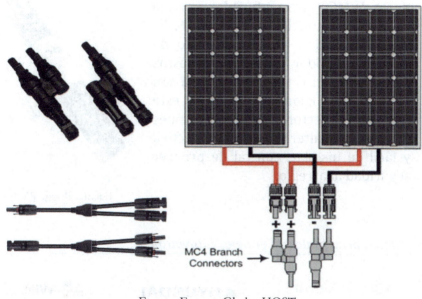

Fuente: Eoocvt, Glarks, HQST

Los conectores MC4 múltiples están disponibles para más de dos conexiones en paralelo.

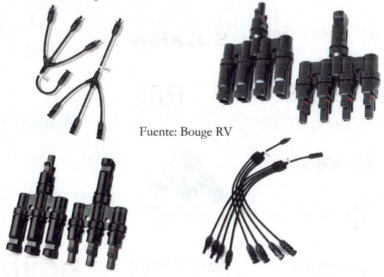

Fuente: Bouge RV

-Fusibles en línea

Los distribuidores de conectores múltiples de MC4 ofrecen fusibles en línea compatibles con los conectores MC4, con clasificación IP 67, con sello de goma para poder utilizarse expuestos a la lluvia. Estos fusibles en línea son convenientes cuando se utilizan este tipo de conectores múltiples, pues proveen una alternativa costo efectiva y fácil de instalar, con tal de proveer seguridad al arreglo.

Fuente: Bouge RV

Marcas principales de paneles fotovoltaicos

VII Controladores de carga

Los controladores de carga son equipos electrónicos altamente sofisticados e indispensables en un sistema de energía solar. La función principal es controlar el proceso de carga de las baterías a partir de la producción de los paneles fotovoltaicos, pero no se limitan a ello. Algunos modelos trabajan con energía hidráulica y eólica también.

Fuente: Outback Power

Hay diferentes tecnologías, precios, marcas, tamaños, colores, manufactureros, lugares de procedencia y otras características que tienden a producir un poco de ansiedad a la hora de escoger la unidad adecuada. Antes de entrar en detalles específicos, siempre que sea posible, es conveniente utilizar los equipos de la misma marca en un mismo sistema. Esto facilita la instalación, intercomunicación entre equipos, balance de sistema, programación, desempeño y monitoreo.

Una función principal de los controladores es evitar la descarga de las baterías hacia los módulos solares en la noche o durante los días nublados. Los controladores de carga están disponibles en gran variedad de voltajes hasta 600 *V* a nivel residencial, siendo el de 150 *V* el más común.

A continuación trataremos dos de las tecnologías en el mercado. Es importante enfatizar que el controlador protege las baterías, la inversión principal de nuestro sistema solar, por lo que NO debemos escatimar en adquirir un modelo adecuado.

Controladores de carga PWM

Los controladores de carga PWM (*Point With Modulation o modulación por ancho de pulso*) son económicos y sencillos en operación. Es la tecnología menos moderna y su uso es típico para sistemas pequeños, aislados o de *backup*. No son los más utilizados para sistemas residenciales.

Fuente: Morningstar

Por lo general son limitados para arreglos de menor voltaje y potencia. El voltaje del arreglo fotovoltaico debe ser pareado con el voltaje del banco de baterías. Los controladores PWM solo pueden utilizar el voltaje del arreglo que corresponde al voltaje de las baterías. Por ejemplo, si su arreglo solar tiene un voltaje de 40V y su banco está a 24V, el controlador solo puede aceptar 24V, o lo que corresponda a cargar el voltaje del banco al momento. El voltaje adicional es descartado, respetando siempre los límites del controlador. Funcionan bien, pero ciertamente esto produce pérdidas de energía, razón por la cual no son los más convenientes.

① Control de carga   ②Control de derivación

Vienen en diversidad de capacidades, como el mostrado, marca Morningstar Tristar 60 A. El mismo funciona ① para cargar las baterías y ② para diferir cargas o *cargas de derivación* en un sistema hidráulico o eólico, cuando las baterías han alcanzado la carga total. La carga de derivación es aquella energía que continúa produciendo la turbina eólica o la micro-hidráulica, pero como no se detiene la producción y las baterías están cargadas a su capacidad, el controlador la envía a consumirse, para que no dañe las baterías o el controlador. Puede ser enviada a una resistencia, que produciendo calor puede calentar agua, a bombillas para iluminación, a abanicos para ventilación, a alguna bomba de agua DC del voltaje correspondiente o a algún equipo DC compatible.

Hay muchas marcas y modelos disponibles en el mercado, pero recuerde que usted recibe por lo que paga. El costo aproximado de un controlador PWM modelo Morningstar Tristar 60A al momento es de $275.

Controladores de carga MPPT

Los controladores de carga MPPT (*Maximum Power Point Tracking* o *Seguidor de Punto de Máxima Potencia),* tienen capacidades adicionales a los PWM, por lo cual son más costosos. En nuestras instalaciones residenciales conviene utilizar controladores MPPT. El costo de un buen controlador MPPT de 60A es entre $400 a $500, con opciones más onerosas.

Con los controladores MPPT, el voltaje del arreglo fotovoltaico no tiene que parear con el voltaje del banco de baterías y permite un 20-30% mayor de eficiencia al no perder producción por pareo de voltaje. El controlador MPPT puede recibir un voltaje mayor desde el arreglo fotovoltaico y reducirlo al voltaje del banco de baterías a su salida, ajustando la corriente, para utilizar el máximo de potencia disponible de la producción solar en tiempo real.

En ocasiones el controlador de carga es parte de un sistema integrado en un gabinete que incluye el inversor. En tal caso, debe asegurarse que el o los controladores integrados son MPPT.

Veamos este modelo para entender algunas de sus características. En la ilustración se muestra un controlador de carga MPPT marca Schneider. Este modelo es un *Schneider 60*, lo que significa que tiene un límite de entrada o salida de corriente de 60 A. El límite máximo de voltaje de entrada V_{MAX} es de 150V, lo cual es típico para arreglos residenciales. Las rejillas verticales son difusores de temperatura, por lo que no utilizan abanico interno para enfriamiento.

Fuente: Schneider

Son robustos y muy utilizados en nuestro país.
En el caso de los controladores de carga que tienen un abanico para el sistema de enfriamiento, debe inspeccionarlo periódicamente para asegurarse que se mantenga en funcionamiento.

Este modelo, como la mayoría de los controladores MPPT, tiene capacidad de salida de varios voltajes, dependiendo del voltaje del banco de baterías al que se conecte. Funciona en bancos de baterías de 12V, 24V, 36V, 48V o 60V. El voltaje de **48V** es típico y recomendado para los bancos de batería a nivel residencial.

Este voltaje permite mayor eficiencia y potencia del controlador que en voltajes menores.

-¿Cómo determinar la potencia de producción de un controlador?

$$\text{Potencia} = \text{voltaje} \times \text{corriente}$$

Para un controlador de 60 A, tendríamos una potencia nominal de:

$$\text{Potencia}_{48V} = 48\ V \times 60\ A = \textbf{2880 Watts}$$

Debemos recordar que el voltaje nominal de un sistema es tan solo para definirlo. En su desempeño él va a estar operando a un voltaje mayor la mayoría del tiempo, dependiendo de las especificaciones de las baterías. Hay baterías que pueden cargar hasta 58 v y en este caso el controlador puede producir hasta:

$$\text{Potencia}_{58v} = 58\ V \times 60\ A = \textbf{3480 Watts}$$

En un banco de 48V nominal, un controlador de carga *Schneider 60* puede producir, según el manufacturero, hasta 3,500W de potencia. Por otro lado, un controlador de carga marca Outback Flexmax 60A, según el fabricante, puede producir hasta 3,200W de potencia en un banco de 48 V nominal.

Continuando con el ejemplo del controlador MPPT Schneider 60A, en un banco de 48V tiene una eficiencia máxima de 98%, lo cual significa que apenas 2% de potencia se pierde y/o consume en su operación. Los equipos siempre utilizan alguna energía para operar, por lo cual debe utilizar aparatos que sean de la mayor eficiencia posible, con tal de reducir pérdidas en el sistema.

Pueden utilizarse para cargar baterías de carga profunda de áci-do-plomo, GEL, AGM o personalizada, como LiFePO4. Dependiendo del tipo de baterías, capacidades y parámetros del manufacturero, lo cual hay que programar en el equipo, el controlador trabaja de la manera más eficiente posible para proteger sus baterías y mantenerlas cargadas.

Etapas de carga de las baterías

Los algoritmos de carga para las baterías generalmente son de cuatro etapas. Dependen de cada tipo de batería y el manufacturero de las baterías le puede brindar los parámetros particulares

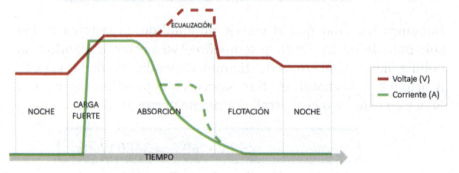

Fuente: Autosolar

de carga. El proceso de carga de una batería o un banco de baterías lo podemos comparar con el llenado de un vaso de agua. Cuando está vacío, le vertemos agua a prisa y cuando se está llenando, bajamos la velocidad. Al final le echamos de poco a poco para que no se desborde.

Fuente: pngegg

¿Qué pasaría si continuamos llenándolo a prisa sin ningún límite? Se derramaría el contenido. Pues así es con las baterías, solo que las dañaría si hacemos eso. Gracias a Dios que tenemos a los controladores de carga, quienes de forma automática y autónoma controlan ese proceso. Solo tenemos que programar los valores de carga, de voltaje y co-

rriente según datos del manufacturero de las baterías a utilizar y listo.

Veamos las etapas de carga de las baterías.

① Etapa de carga a granel (carga fuerte) o bulk

En esta fase el controlador suministra corriente al banco de baterías a intensidad máxima, de manera que el voltaje aumenta rápidamente hasta llegar al voltaje de absorción según especificado por el manufacturero. Al llegar a este voltaje de absorción, la batería tiene una carga de 80% aproximadamente.

A partir de este punto, la corriente de carga se reduce rápidamente. El límite de corriente para cargar un banco de baterías se programa entre un 10-20% de la corriente nominal para las baterías de ácido-plomo. Es decir, entre 10-20A para un banco de baterías de 100 Ah. Estos valores se tienen que buscar en las especificaciones de la batería utilizada, de lo contrario puede reducir su vida útil. En las baterías de $LiFePO_4$ estas corrientes son sustancialmente mayores.

② Etapa de absorción

En esta segunda etapa, la corriente de carga disminuye lentamente con voltaje constante, hasta que el banco de baterías se carga al 100%. Esto evita el calentamiento y el exceso de gasificación de la batería. El punto de ajuste de flotación se compensa en base a la temperatura del banco de baterías, por eso la importancia de tener instalado el cable de sensor de temperatura.

③ Etapa de flotación

En esta etapa de carga el controlador mantiene las baterías cargadas al 100%. Le llaman *trickle charge* o una carga de mantenimiento.

④ Etapa de ecualización

La ecualización me recuerda la mezcla de las bebidas en polvo. Si no la agita, se asientan las partículas, se estratifica la solución. Hay que batirlo para que tenga buen sabor. Algo así hace la carga de ecualización en las celdas de las baterías.

Tenga en cuenta que la carga de ecualización es solamente para las baterías de ácido-plomo inundado, o *flooded*. Hay ciertas ecualizaciones controladas que se pueden hacer en otro tipo de baterías, solamente según instrucciones del manufacturero.

El voltaje de ecualización es alto, por encima del voltaje de absorción, para que el electrolito gasee. Ronda los 64 V para los bancos de 48 V y varía según indicado. Las baterías se benefician de una ecualización para agitar el electrolito, romper los sulfatos en las placas de plomo, para completar las reacciones químicas, nivelar los voltajes y equilibrar la carga de las celdas.

La duración de la ecualización, frecuencia y los parámetros de carga están determinados por el tipo de batería que se está utilizando. Debe ajustarse a los parámetros del manufacturero y a la temperatura del banco de baterías en tiempo real. Para ello necesita tener instalado el cable de sensor de temperatura o [10]RTS, del cual hablaremos más adelante.

¿Por qué debemos hacer ecualizaciones?

La ecualización de las baterías es vital para el rendimiento y la vida útil de una batería, especialmente en un sistema solar. Durante la descarga de la batería se consume ácido

---

[10] RTS - Remote Temperature Sensor.

Fuente: Batterychem

sulfúrico y se forman cristales blandos de sulfato de plomo en las placas, que se convertirán en cristales duros con el tiempo. Este proceso, llamado *sulfatación del plomo*, hace que los cristales se vuelvan más duros y difíciles de convertir de nuevo en materiales blandos activos.

> La sulfatación por carga insuficiente de la batería es la principal causa de fallas de baterías en los sistemas solares.

Además de reducir la capacidad de la batería, la acumulación de sulfato es la causa más común de pandeo de placas y rejillas agrietadas. Las baterías de ciclo profundo son particularmente susceptibles a la sulfatación del plomo. Por esto es muy importante que las baterías lleguen a 100 % de carga diariamente.

Una sobrecarga controlada, o ecualización a un voltaje más alto, puede revertir el endurecimiento de los cristales de sulfato. Se desprenden de las placas de plomo y se disuelven en la solución. Este proceso emana gases y tienen un olor particular, por lo cual el banco debe estar en área aereable. La frecuencia ideal de ecualizaciones la establece el manufacturero de la batería, dependiendo del tipo de batería, el ciclado, la profundidad de descarga, la edad de la batería, la temperatura y otros factores. Las baterías de ácido-plomo inundadas son típicamente ecualizadas cada 1 a 3 meses o cada 5 a 10 descargas profundas. Algunas baterías, como el grupo L-16, necesitarán ecualizaciones más frecuentes.

La diferencia en gravedad específica entre la celda más alta y la celda más baja de una batería también puede indicar la necesidad de una ecualización. Puede medir la gravedad específica con un hidrómetro. El fabricante de la batería puede recomendar los valores de gravedad específica o de voltaje para la batería en particular. Un valor típico de gravedad específica para celdas en buen estado de carga es 1.247.

Capacidades adicionales de los controladores de carga

Los controladores tie-
nen muchas capacida-
des adicionales a regu-
lar cargas, pues son
equipos electrónicos
sofisticados. Algunos
pueden suplir cargas DC, proveer data por wifi, mostrar datos en
pantallas, derivar cargas, utilizar un auxiliar para controlar
equipos en función a voltaje, temperatura o estado de carga, y
mucho más.

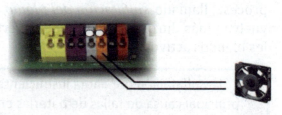

¿Cómo seleccionar un controlador de carga?

Para escoger un controlador de carga debe considerar el sistema
fotovoltaico como un todo. Al igual que cualquier equipo eléctrico, los controladores tienen sus límites de potencia, voltaje y
corriente. Si lo que necesita es un controlador para controlar la
carga de una sola batería, una carga DC o un carrito de golf, tal
vez sea suficiente un controlador *PWM*. Por otro lado, si desea
alimentar toda la casa, un sistema con medición neta, la capacidad de controlar cargas derivadas o la habilidad de controles
auxiliares, necesitaría la tecnología *MPPT.*

-¿Qué debe considerar?

① Potencia máxima de entrada desde el arreglo (*Watts*)

② Voltaje máximo en el arreglo (*Suma de los Voc de los paneles en serie ajustado por temperatura*).

③ Voltaje del banco de baterías (*12v, 24v, **48v***)

④ Corriente máxima hacia las baterías (*Amperios*)

⑤ Sensor de temperatura

⑥ PWM o **MPPT**

(7) Eficiencia

(8) Precio

(9) Garantías

El manufacturero indica en las especificaciones de sus controladores: la corriente máxima de entrada del arreglo solar y la corriente máxima de salida hacia las baterías, el voltaje máximo de entrada y los voltajes de carga de salida, la potencia máxima del arreglo en watts y la producción máxima hacia las baterías, entre muchos otros detalles adicionales. Utilizar estos detalles es la manera más fácil de escoger un controlador de carga.

Si no tiene a la mano las especificaciones del controlador que desea utilizar, puede escoger un controlador a base de la corriente del arreglo:

$$\text{Corriente (A)} = \frac{\text{(Potencia Arreglo W)}}{\text{Voltaje Sistema (V)}}$$

De acuerdo al resultado, dentro de la categoría de acuerdo al rango de corriente, puede seleccionar un controlador que se ajuste a sus requerimientos.

-Ejemplo para determinar el tamaño necesario de un controlador de carga:

¿Qué controlador necesito para un arreglo fotovoltaico de 3100 W y un voltaje de sistema (banco de baterías) de 48 V?

$$\text{Corriente (A)} = \frac{\text{(3100 W)}}{48\,V} = 65\,A$$

Según el resultado, el controlador debe estar en la categoría de 60 A. Cuando buscamos las especificaciones de varios controladores de carga para sistema nominal de 48V, encontramos que un Outback 60 puede producir 3,200 W y un Schneider 60 puede producir 3,500 W. Cualquiera de los dos pudiera hacerle el trabajo, pues ambos exceden los requerimientos de potencia de 3100 W para este sistema. Esto muestra la importancia de buscar las especificaciones del manufacturero.

> Debe verificar que la corriente y el voltaje del arreglo fotovoltaico NO excedan el límite de entrada del controlador.

Certificaciones de los controladores de carga

Es muy importante que compre equipos de primera calidad, pues estos van a estar en su propiedad y pudieran representar un riesgo si no cumplen con las disposiciones en ley para operar adecuadamente.

> La certificación más importante que debe verificar es **UL 1741**.

UL 1741 - Norma UL de certificación para inversores de seguridad, convertidores, controladores y equipos de sistemas de interconexión para uso con recursos energéticos distribuidos en la red eléctrica.

UL 62093 - Norma UL para componentes de equilibrio de seguridad del sistema para sistemas fotovoltaicos - Cualificación de diseño ambientes naturales.

IEC 62509 - Controladores de carga de batería para sistemas fotovoltaicos - Rendimiento y funcionamiento

Hay muchas certificaciones adicionales que los manufactureros adquieren para promover y poder distribuir sus controladores de carga. Algunas son, pero no se limitan a, **IEC62109.1, CE, ETL y EN 50178**.

Sensor de temperatura

El cable de sensor de temperatura o *Battery Temperature Sensor (BTS)* es indispensable. Se encarga de dejarle saber al controlador cual es la temperatura del banco de baterías en tiempo real. Generalmente tienen una conexión de cable de teléfono, pues solo transmiten data.

Algunos tienen un terminal con agujero, como el Schneider (*derecha*), para conectarlo al polo negativo del banco. También tienen una cinta adhesiva de dos caras para pegarlo al lado de una de las baterías del centro, por debajo del nivel del electrolito, como el Outback (*derecha*).

-Ejemplo para seleccionar un controlador de carga

El controlador de carga depende del sistema a instalar. Para hacerlo necesita saber cuál es la potencia, voltaje y corriente de su arreglo fotovoltaico.

Asumamos los siguientes datos.

1. *Arreglo fotovoltaico necesario de 3,800 W.*
2. *12 paneles fotovoltaicos de 325 W*
3. *V_{OC} del módulo = 40 V*
4. *I_{SC} del módulo = 9 A*
5. *Banco de baterías de 48 V*

Podemos utilizar un controlador típico MPPT de 150 V.

Tabla 5   Máxima potencia en vatios de entrada de FV por regulador de carga[1]

Tensión nominal de batería	Tamaño máximo de matriz (En vatios, Condiciones de prueba estándares)	
	FLEXmax 80	FLEXmax 60
12V	1000W	800W
24V	2000W	1600W
36V	3000W	2400W
48V	4000W	3200W
60V	5000W	4000W

Fuente: Outback Power

La forma más sencilla para escoger el tamaño requerido del controlador es utilizando la potencia en *Watts* del arreglo fotovoltaico. En este caso, el arreglo solar es de 3,800 W, por lo cual el controlador(s) tiene que tener la capacidad de producir esa potencia o mayor.

En la tabla de potencia suministrada por *Outback Power*, podemos observar que en un banco de baterías de 48 V, el FLEXmax 60 produce un máximo de 3200 W y el FLEXmax 80 produce hasta 4,000 W.

Siendo que nuestro arreglo es de 3,800 W y el banco de baterías a 48 V, debemos utilizar el FLEXmax 80 con potencia de 4,000 W.

Faltaría verificar como voy a instalar los 12 paneles fotovoltaicos. Hemos visto que podemos instalar tantos paneles en serie hasta que NO exceda el Voltaje de entrada del controlador. En este caso, el V_{OC} de los paneles es 40 V y el V_{MAX} del controlador es 150 V.

$$\text{Paneles en serie} = \frac{VMAX \text{ del controlador}}{(VOC \text{ Módulos})(\text{Coeficiente de temperatura})}$$

Habíamos mencionado que en Puerto Rico el coeficiente de temperatura es 1. Debe verificar el valor para otros territorios.

$$\text{Paneles en serie} = \frac{150\,V}{(40\,VOC)(1)} = 3.75$$

En este caso podemos instalar 3 paneles por serie. Quedaría algo así para los 12 paneles que vamos a utilizar:

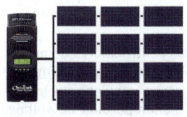

Hemos verificado que el voltaje está por debajo del [11] V_{MAX} del controlador, ahora falta verificar que la corriente no exceda el límite de entrada de 80 A del FLEXmax 80. La corriente se queda igual en conexiones en serie, pero se suma en conexiones en paralelo.

En este caso tenemos una corriente de 9 A por cada una de las cuatro series. Al conectar estas series en paralelo se suman las corrientes.
Tendríamos:

$$\text{Corriente máxima continua (A)} = (4 \text{ series}) \, (9 \, A) \times (1.56) = 56.16 \, A < 80 \, A \; OK$$

Donde 1.56 es el factor de ampacidad combinado del NEC® de 1.25 (3 horas o más de uso) x 1.25 (sobre-irradiación).

En esta sección hemos visto un ejemplo al detalle de como escoger un controlador fotovoltaico, en este caso tecnología MPPT. Vimos que esa decisión depende de las características y magnitud del arreglo solar y el voltaje máximo del controlador.

¿Cuándo es necesario o conviene utilizar un controlador de mayor voltaje de entrada?

Utilizar controladores de mayor voltaje de entrada permite instalar mayor cantidad de módulos fotovoltaicos por serie. Recordemos que se pueden instalar tantos módulos en serie hasta NO exceder el voltaje límite de entrada del controlador.

---

[11] El V_{MAX} del controlador es el V_{OC} límite de entrada.

Los controladores con voltaje de entrada mayor a 150 *VDC* son convenientes en sistemas grandes, pues menos series permiten una instalación más rápida, requieren menor calibre y menos conductores o cables, cortacorrientes y cajas de combinación.

Una de las ventajas primordiales de los controladores de mayor voltaje es cuando los arreglos fotovoltaicos <u>inevitablemente</u> están lejos del controlador. En estos casos, conviene un mayor voltaje para tener menos corriente, menor pérdida de voltaje, menor costo en conductores y cortacorrientes.

Los controladores de mayor voltaje son más costosos y no son los más utilizados a nivel residencial.

Algunas de las marcas principales de controladores de carga

VIII Inversores de corriente

Los inversores de corriente son equipos electrónicos altamente sofisticados, cuyo propósito primordial es transformar la corriente directa *DC*, producida en nuestro arreglo fotovoltaico, a corriente alterna *AC* para utilizarla en nuestra instalación.

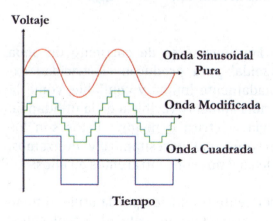

Los inversores de corriente son equipos en evolución desde hace décadas y hoy día son aparatos electrónicos complejos, de alto rendimiento, de alta eficiencia, con mayores y mejores funciones cada día.

Tipos de inversores de corriente

Hay tres tipos principales de inversores DC-AC.

① Los inversores económicos de **onda cuadrada-** son para uso de iluminación, televisores, taladros o aparatos pequeños. No sirve para motores de inducción o dispositivos electrónicos sofisticados. Son los menos eficientes, ya que producen armónicos que generan interferencias y ruidos. No es lo que buscamos para una instalación general.

② Los inversores de corriente de **onda modificada-** son inversores sencillos y económicos que generan una onda de electricidad electrónicamente de forma modificada. Adecuado para uso de un televisor, un reproductor de DVD, algunas computadoras, iluminación y recargar el teléfono móvil. No es apto o recomendable para uso de electrodomésticos modernos o herramientas más complejas o con motor, como: la nevera, microondas o lavadora electrónica. No es lo recomendable para una instalación general.

Fuente: Schneider

③ Los inversores de corriente de **onda sinusoidal pura** producen electricidad extremadamente limpia y confiable, como la que normalmente recibiría de la utilidad de energía eléctrica o mejor. Estos son los inversores que necesitamos y utilizamos, por lo cual nos concentraremos en ellos.

La corriente producida por la utilidad tiene altos parámetros de calidad establecidos, aunque muchas veces falla en el proceso de trasmisión y distribución, ocasionando los famosos apagones y fluctuaciones de frecuencia y voltaje que dañan los equipos electrónicos. Esas vulnerabilidades quedan en la historia cuando se tiene un sistema fotovoltaico funcionando con inversores de primera calidad.

Dentro de los inversores de onda pura sinusoidal hay variedad de equipos que se pueden adquirir. De igual manera, hay multiplicidad de marcas, capacidades, virtudes, eficiencia, disponibilidad, precios, garantías y muchas cosas que diferencian unos de otros.

Es necesario recordar que todos los componentes de un sistema solar son importantes. Es como armar un rompecabezas. No podemos cortar camino, tampoco buscar lo más barato. Cada  pieza es importante y tiene su lugar. En la sección de conciencia energética vimos como un sistema solar, a pesar de que no es barato, **siempre se paga a sí mismo** y produce un buen retorno sobre la inversión. Dicho esto, debe esperar un costo de al menos $1,500 por un buen inversor de 4,000 W de potencia o cerca de $3,000 para uno de 6,000 W a 8,000 W.

Características principales a considerar en un inversor

① Tipo de inversor – [12]Onda Pura Sinusoidal.

② Capacidad de carga continua – *¿Cuántos vatios de potencia continua necesita la instalación?* Para ello hacemos un estudio de cargas en la propiedad o en el diseño. Hay calculadoras en línea, tablas o equipos electrónicos, como monitores de energía (*Power*

---

[12] Tipo de corriente AC necesaria para encender y operar los equipos electrónicos más sofisticados.

monitors), Potenciómetros (*Power meters*), Multímetros (*Multimeters*), entre otros.

Calculadora de consumo

Enseres eléctricos	Encendido simultáneamente	Cantidad	Potencia Continua (Watts)	Potencia Pico (Watts)
	☐			
	☐			
	☐			
	☐			
	☐			
	☐			
	☐			
	☐			
	☐			
	☐			
	☐			
	☐			
Potencia requerida por inversor				

③ Capacidad de carga pico – Los equipos con motores requieren una potencia mayor de arranque. El inversor debe tener la capacidad de mover esas cargas pico. Si este consumo pico no se encuentra en la etiqueta del equipo, es necesario medirlo. Hay que calcular la suma total de las cargas pico que requiera operar simultáneamente para escoger un inversor con capacidad suficiente.

④ Voltaje de entrada DC– es el voltaje del banco de baterías. El voltaje del banco de baterías típico es 48 V.

⑤ Voltaje de salida AC – es el voltaje de salida para alimentar las cargas del panel principal o panel de cargas críticas. En Puerto Rico necesitamos dos fases de 120 *VAC*, llamado *Split Phase* o 120/240 *VAC*. Para una sola fase utilizamos 120 *VAC*.

⑥ Capacidad de cargar el banco de baterías con entrada AC de la utilidad o generador eléctrico. (*Charger*) – Los inversores / cargadores tienen la capacidad de transformar la corriente de DC a AC y viceversa. Esta es una característica muy conveniente. Hay inversores que tienen la capacidad de cargar las baterías o alimentar el sistema utilizando de forma automática un generador eléctrico. Para esto el generador debe tener la capacidad de encender de forma remota.

⑦ Sensor de temperatura – Los inversores necesitan saber la temperatura del banco de baterías para protegerlas en el consumo o proceso de carga.

⑧ Apilable o (*Stackable*) – Algunos inversores modernos tienen la maravillosa capacidad de ser apilables, con el objetivo de aumentar la capacidad del sistema. Cada marca y modelo tiene sus limitaciones. Por ejemplo, con dos inversores apilables de 4,000W puede tener una producción de 8,000 W de potencia.

⑨ Capacidad de conexión a la computadora a través de Wifi o LAN.

⑩ Pantalla- Muchos inversores de las marcas principales no traen una pantalla digital de monitoreo o programación. Requieren la adquisición de componentes adicionales y debe considerarlo en el presupuesto de compra.

⑪ Interruptor de transferencia o *transfer switch* - generalmente incluido dentro de los inversores, pues a través de la programación la mayoría de ellos determinan cuando utilizar la red o el generador. En ocasiones la instalación requiere un interruptor de transferencia externo.

⑫ Eficiencia – es recomendable utilizar un inversor con eficiencia mayor al 90 %. Las marcas principales tienen eficiencias mayores al 93%, limitando las pérdidas en los procesos de conversión de corriente.

⑬ Programación – Los inversores híbridos desconectados de la red se alimentan del banco de baterías para producir la corriente AC para la instalación. Es fundamental que el inversor utilice la energía disponible en el banco de reserva a base de unos parámetros pre-establecidos, con tal de proteger la mayor inversión del sistema, que son las baterías. Las baterías de ácido-plomo, AGM o Gel, vienen diseñadas para una profundidad de descarga de un 50%, mientras que las de LiFePO$_4$ pueden ser descargadas un 80% o más. Es necesario que según el tipo y tamaño del banco, el inversor deje de utilizar automáticamente las baterías al llegar a los parámetros de descarga límites establecidos por el manufacturero, de lo contrario reducirá la vida útil a las baterías. Tener inversores programables ayuda considerablemente a proteger y extender la durabilidad de nuestro banco de reserva de energía.

Categorías de inversores de corriente

Los inversores de onda pura sinusoidal están clasificados en varias categorías que es necesario entender. Esto nos ayudará a escoger según sean nuestras metas a corto y largo plazo, siempre acomodándose a nuestras necesidades y expectativas reales.

Las categorías las podemos dividir en ① inversores conectados a la red- no requieren baterías para operar y ② inversores desconectados de la red- requieren baterías para operar.

Algunos inversores son tan versátiles que se pueden utilizar en sistemas de medición neta o desconectados de la red. Estos son llamados inversores híbridos. En ambas categorías hay mucha variedad de equipos disponibles en el mercado y aumentando cada día.

Inversores conectados a la red con medición neta

Vamos a compartir algunas características para propósitos de conocimiento solamente, pues

Fuente: SMA

como hemos mencionado anteriormente, estos sistemas requieren ser diseñados, inspeccionados y certificados por un ingeniero electricista.

(1) **Inversores conectados a la red con medición neta,** *string inverters* **o inversores de cadena**- estos inversores necesitan estar conectados a la utilidad eléctrica para operar, pues no utilizan baterías. Tampoco requieren controladores de carga y el voltaje del arreglo fotovoltaico DC debe corresponder al voltaje de salida AC. Las series o líneas de paneles fotovoltaicos se conectan directamente al inversor, el cual tiene capacidades MPPT, como los controladores de cargas en los sistemas con baterías. Si hay un apagón o falla en la red, por ley se apagan automáticamente, aunque sea de día y haga buen sol. Ellos están diseñados para desconectarse de la red en la eventualidad de que los límites de frecuencia o voltaje en la red incumplan. O sea, aunque no haya un apagón y el vecino tenga electricidad de la utilidad, puede ser que en algún momento dado usted esté sin electricidad. El sistema conectado a la red se apaga a base de unos parámetros estrictos de frecuencia y voltaje. Al incumplirlos fuerza la desconexión del inversor o los micro-inversores y estará apagado por al menos 5 minutos en lo que verifica y aprueba los parámetros de la electricidad de la red.

Estos sistemas con medición neta requieren ser instalados por peritos electricistas y certificados por ingenieros electricistas, pues media un contrato entre el cliente y la utilidad. Requiere

¿Sabía usted que...?

Los inversores de cadena o de medición neta, tienen integrado GFP, *Ground Fault Protection*. Esto es diferente a los GFCI, o *Ground Fault Protection Circuit Interrupter, los receptáculos con dos botones* que instalamos en el baño o en la cocina. Los GFCI son para evitar electrocución, mientras que los GFP de los inversores son para evitar fallas por arcos eléctricos que provoquen incendios.

unos equipos adicionales a los sistemas desconectados de la red y un metro bidireccional que la utilidad debe instalar para los créditos o consumos correspondientes. Actualmente hay nuevos inversores de cadena, que a pesar de apagarse cuando es mandatorio, cuentan con un receptáculo externo donde se puede conectar una extensión eléctrica durante las horas de producción solar. Generalmente este beneficio está limitado a 2,000 W de potencia mientras haga sol. Aunque el respaldo de baterías es lo ideal, al menos esto provee un remedio mientras haya sol. *¡Algo es mejor que nada!*

Si usted tiene un sistema instalado con medición neta en su hogar y no tiene respaldo de baterías, hay opciones que puede considerar. Dependiendo del tipo de sistema y el tipo de inversor, un profesional le puede diseñar e instalar un sistema *DC-Coupling* o *AC-Coupling*. Este remedio es técnico y tiene unos costos considerables, pues hay que añadir al menos un inversor y el banco de baterías, pero generalmente no hay que hacer cambios a la instalación existente.

-Los inversores de cadena pueden ser:

Ⓐ De baja frecuencia. Utilizan grandes transformadores, son pesados y económicos. Son muy fuertes, pero tienen menor eficiencia.

Ⓑ De alta frecuencia. Estos tienen transformadores pequeños, más económicos, livianos y eficientes.

Ⓒ Sin transformadores, llamados inversores no conectados a tierra, *ungrounded inverters*. Presentan una eficiencia aun mayor, pero aumentan los costos de instalación.

② **Micro-inversores**– Los micro-inversores son inversores micro. En vez de tener un solo inversor de serie para todo el sistema fotovoltaico, se instala un micro-inversor directo a cada módulo. Por algunos de sus beneficios, son los más utilizados e instalados en sistemas de medición neta en la actualidad.

Los micro-inversores transforman la corriente DC a AC directamente saliendo del panel fotovoltaico. Esto permite una optimización y control individualizado por panel. Por lo que cada módulo se comporta independiente a los demás. Tienen unas eficiencias muy altas, cerca del 97 %. Cuentan con sistemas mandatorios de apagado rápido o *rapid shut down*, requeridos para sistemas de medición neta.

Fuente: Enphase

Hay compañías diseñando micro inversores que se desconectan de la red cuando hay una falla en la utilidad, pero continúan alimentando la propiedad. En ese caso solo producen lo que la instalación está consumiendo, aun sin el uso de baterías mientras hay el recurso del sol disponible. Con su uso es muy fácil diseñar, instalar, monitorear y expandir sistemas fotovoltaicos. Lo más importante es que permiten el comportamiento independiente de cada panel fotovoltaico.

Son costosos, pero tienen garantías de 25 años generalmente. No son los favoritos para uso con baterías, pues hay que convertir la corriente nuevamente a DC con otro inversor para poderla almacenar en el banco de reserva y volver a transformarla a AC para utilizarla en la instalación. Esta función la hacen las compañías con banco de baterías Tesla Powerwall, Enphase y otros, que traen dentro del gabinete de las baterías un inversor o micro-inversores integrados, haciendo el proceso llamado *AC Coupling*. Por eso no los favorecemos en sistemas desconectados de la red.

Los micro-inversores van conectados a paneles fotovoltaicos que por lo general tienen más potencia que ellos. Por ello es necesario hacer los cálculos del sistema fotovoltaico con la capacidad de los micro-inversores y no de los paneles fotovoltaicos a los cuales están conectados.

¿Sabía usted que...?

Actualmente Enphase tiene el micro inversor IQ8A saliendo al mercado, con capacidad de 366W y que se conecta a paneles de 295W– 500W. Su innovador diseño permite que trabajen aun cuando hay un apagón mientras hay sol, sin necesidad de baterías, produciendo solamente lo que consume la instalación. Tiene un costo aproximado de $250. Requiere rabizas especiales para la corriente de salida a 240 VAC y el IQ Envoy para la intercomunicación de los equipos. Compatible con las nuevas baterías de $LiFePO_4$ marca Enphase. El costo del sistema es mayor que el costo de los paneles fotovoltaicos.

③ Inversores híbridos

Ahora vamos a ver lo mejor de los dos mundos, los inversores híbridos. Estos combinan las ventajas de ambas tecnologías, con capacidad de trabajar con medición neta o desconectado de la red con baterías. Por esto son más costosos, pero valen cada centavo. Varían generalmente entre 1 *kW* y 10 *kW* de potencia.

Fuente: Schneider

Para escoger un inversor hibrido simplemente debe verificar en orden las características a considerar que han sido numeradas anteriormente. Tenga en consideración que un aire acondicionado *inverter* de 12,000 BTU consume cerca de 750 W y uno de 24,000 BTU *inverter* puede consumir 2,000 W o más en lo que modula.

Diferencia de comportamiento en sombra entre inversores de cadena vs micro-inversores y optimizadores DC.

Los *string inverters* tienen los paneles fotovoltaicos conectados en serie hasta tanto no exceda el voltaje límite de entrada del inversor, pues hemos visto que en serie se suma el voltaje. Por lo que una sombra, defecto o falla en un panel fotovoltaico hace que la serie se comporte por la producción reducida del panel afectado.

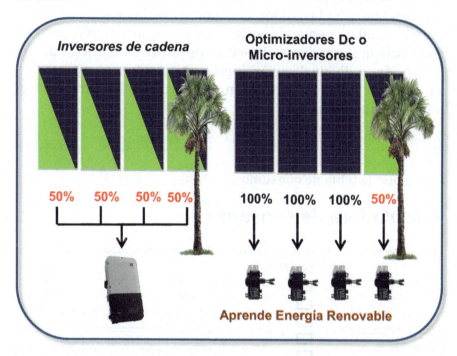

En el caso del micro-inversor, cada panel fotovoltaico trabaja individualmente, por lo que solo se afecta la producción del panel sombreado o defectuoso. Si un micro-inversor se dañase, aparte del sistema de monitoreo indicarlo, solo se afecta la producción del panel fotovoltaico al cual está conectado. Por otro lado, si se daña el *string inverter*, se va la producción fotovoltaica de todo el arreglo.

-¿Significa esto que todos deben utilizar micro inversores?

La respuesta es no. Son más costosos y el talón de Aquiles es el almacenamiento en baterías. Por lo cual una decisión pensada a largo plazo es

Fuente: Tigo

pertinente.

Para proveer el beneficio de que cada panel fotovoltaico trabaje individualmente existen los optimizadores DC, de los cuales se ha comentado en la sección de sombras de los paneles fotovoltaicos. Similares en apariencia a los micro-inversores, pero no transforman la corriente. Proveen los mismos beneficios de optimización, individualización, *rapid shut down* y monitoreo, sin sacrificar el beneficio de mantener la corriente DC para almacenamiento en baterías.

¿Cómo seleccionar la capacidad de un inversor de carga?

Utilizando la tabla de consumos.

Calculadora de consumo

Enseres eléctricos	Encendido simultáneamente	Cantidad	Consumo	Potencia Continua (Watts)	Potencia Pico (Watts)
	☐				
	☐				
	☐				
	☐				
	☐				
	☐				
	☐				
	☐				
	☐				
	☐				
	☐				
	☐				

Potencia requerida por inversor   0   0

Paso 1 Ponga el nombre del aparato eléctrico y mida su consumo continuo.

Paso 2 Marque los equipos que encienda simultáneamente.

Paso 3 Multiplique la cantidad de enseres por el consumo de cada uno para obtener la potencia continua.

Paso 4 Mida el consumo pico si tiene motor.

Paso 5 Sume la columna de *potencia continua* considerando todos los equipos que va a encender simultáneamente, para determinar la potencia continua que requiere proveer el inversor de corriente.

Paso 6 Sume la columna de *potencia pico* considerando todos los equipos que va a encender simultáneamente, para determinar la potencia pico que requiere proveer el inversor de corriente.

¡Recuerde sumar todas las cargas que va a utilizar al mismo tiempo!

El inversor de corriente requerido debe tener la capacidad de mover las cargas sumadas en la columna de potencia continua y las cargas sumadas en la columna de potencia pico.

Certificaciones que debe tener en consideración en los inversores

Tenga mucho cuidado con los inversores que va a encontrar económicos por allí, prometiendo villas y castillas. Debe asegurarse que cuentan con las certificaciones pertinentes. Equipos que no están certificados no cuentan con el endoso de seguridad y desempeño y pueden representar un peligro en su instalación. ¡Busque las etiquetas antes de comprar!

- **UL1741** - estándar para inversores, convertidores, controladores y equipo del sistema de interconexión para uso con recursos energéticos distribuidos. En esencia, el estándar de prueba por el cual los inversores están certificados para la interconexión, en particular con respecto al voltaje y frecuencia de la red.

- CSA C22.2 107.1 - cumplimiento con los estándares para aplicaciones en Canadá

- UL o **IEC 62109-1 -** Define los requisitos mínimos para el diseño y fabricación de equipos de conversión de potencia para la protección contra descargas eléctricas, energía, incendios, peligros mecánicos y otros.

- CA Rule 21 - cumplimiento con los estándares para aplicaciones en California.

- Rule 14H - cumplimiento con los estándares para aplicaciones en Hawái.

- PREPA - cumplimiento con los estándares para aplicaciones en Puerto Rico.

Algunas de las marcas principales de inversores de corriente

IX Baterías

Las baterías son el corazón de un sistema de energía renovable y quien las tiene se distingue. Son
costosas, pero se pagan solitas con su almacenamiento energético.

¿Quiere independizarse de la utilidad
eléctrica? ¿Está cansado de los apagones y fluctuación de voltaje? ¿Desea
sentir paz durante y después de una
tormenta o un huracán? ¿Quisiera tener al menos la nevera y un abanico
encendido para dormir cuando no hay electricidad de la utilidad? ¿Está cansado de los altos costos de combustible para el
generador eléctrico? ¿Le desespera esperar horas en fila bajo el
sol pelú para comprar combustible?

**¡La solución es sencilla, necesita tener un sistema de energía
renovable con baterías!**

Sin baterías un sistema con medición neta puede ser costo efectivo, pero las baterías transforman nuestra realidad cotidiana.

 Adiós a los altos costos, apagones, fluctuaciones de voltaje y filas en las gasolineras. Un sistema solar bien diseñado con baterías de respaldo, es costo-efectivo, pero hay que tomar decisiones bien pensadas en base a nuestra necesidad, metas y consumos. Es necesario ser realista, todos necesitamos baterías, pero no todos los sistemas están en la de suplir el 100% de su energía desde baterías, ya que sería muy costoso.

Por ejemplo, las instalaciones de muy alto consumo residencial, comercial o industrial, pueden tener un sistema de medición neta con baterías solo para correr las cargas críticas en la eventualidad de apagones o colapso de la red eléctrica. Diríase las luces, neveras, televisor, internet, computadoras o abanicos. Al menos las cargas eléctricas livianas pueden continuar operando mientras haya interrupción en el servicio de la red, aunque los aires acondicionados, motores o cargas eléctricas pesadas se apaguen.

Esto es precisamente lo que hacen la mayoría de los sistemas de medición neta instalados en la actualidad. A pesar que tenga respaldo de baterías instalado, primordialmente un banco de baterías de LiFePO$_4$, esto es para mover las cargas conectadas al panel de cargas críticas o a la instalación general por par de horas. Es necesario saber cuál es su sistema y como está instalado, para que pueda manejar las cargas durante las interrupciones de servicio, de lo contrario no podrá hacer uso adecuado de la energía de reserva y se puede quedar a pie.

Estamos viviendo tiempos donde todos quieren tener baterías en sus casas. La transformación global hacia la energía renovable y la competencia de las compañías en el mercado para retener parte del negocio, permiten una buena oportunidad para adquirir baterías. Parece ser que los precios continuarán disminuyendo en los próximos años, pues desarrollos emergentes prometen abaratar costos de diseño, producción y nuevas tecnologías.

Las baterías vienen en desarrollo desde el siglo XIV y nuestra generación las ha utilizado prácticamente en todos los artefactos electrónicos de bajo consumo eléctrico. La necesidad de reducir nuestra huella de CO_2 e independizarnos de los combustibles  fósiles han obligado a los gobiernos a promover cambios energéticos, abriendo puertas a grandes industrias de energía renovable que aprovechan la oportunidad del mercado para aumentar la producción de sus productos y abaratar costos.

 Las baterías son artefactos que almacenan y suplen electricidad a través de reacciones químicas. Hay diversos tipos de baterías que podemos considerar para nuestros sistemas solares. Hay una gran diversidad de tecnologías en estudio que prometen revolucionar el mercado, pero nos limitaremos a las costo-eficientes y probadas hasta el momento.

Tipos de baterías para sistemas fotovoltaicos

En esta sección veremos las tecnologías más rentables en usos de almacenamiento de energía a nivel residencial. Debemos señalar que hay muchos tipos de baterías en el mercado y muchas tecnologías emergentes. Lo que queremos es tener una idea de cómo funcionan las baterías de ácido-plomo con los electrodos más comunes. Los demás tipos de baterías funcionan de alguna forma similar.

Baterías de ácido-plomo [13]inundado, (FLA) Flooded Lead Acid

Estas baterías han sido hasta ahora, por mucho <u>las más utilizadas</u> en todos los sistemas de reserva de energía. Sea comercial, residencial o recreacional. Si tiene tapones, son inundadas.

Las baterías de ácido-plomo se componen de placas de plomo, positivas y negativas, interpuestas alternadamente, separadas entre sí por un elemento aislante.

Recordemos que las baterías almacenan la carga eléctrica en reacciones químicas. A pesar que a la mayoría de las personas no le gusta la química, la utilizamos constantemente. Veamos la reacción de carga/descarga para poder entender ciertos fenómenos que ocurren en el proceso, con tal de proteger y extender la vida útil de nuestras baterías.

$$Pb + PbO_2 + 2H_2SO_4^- + 2H^+ \xrightleftharpoons[\text{Carga}]{\text{Descarga}} 2PbSO_4 + 2H_2O + energía$$

Ciertamente parece complicado, pero lo que queremos es describir el proceso de carga y descarga de las baterías de ácido-plomo para que pueda entender que es lo que está sucediendo dentro de la batería a nivel químico. *(Algunas baterías de ácido-plomo varían un poco).*

Todo comienza con lo que hay dentro de la batería. **Primero**, hay un terminal de plomo *Pb* negativo (-) y un terminal de óxido de plomo *PbO_2* positivo (+). **Segundo**, hay un electrolito de ácido sulfúrico, *H_2SO_4*. Tercero, hay agua *H_2O*.

[13] Baterías que tienen electrolito a base de agua para cubrir los platos de plomo y hacer las reacciones químicas que almacenan y producen energía.

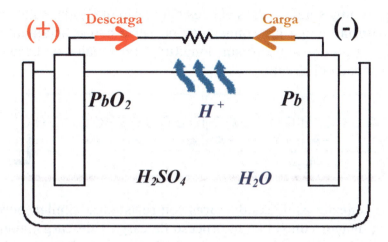

Hay dos procesos diferentes, en direcciones opuestas. El primero es carga y el segundo es descarga.

Cuando una batería de ácido-plomo inundado que está cargada se comienza a descargar, el plomo *Pb* y el óxido de plomo *PbO₂* se convierten en sulfato de plomo *PbSO₄*, que se acumula en las placas de plomo (*corrosión*), llamado sulfatación de los platos. Eso no es bueno, porque afecta el proceso químico de producción de energía dentro de la batería. No debemos utilizar las baterías con un arreglo fotovoltaico sin la capacidad suficiente para cargarlas completamente a diario. Tampoco es bueno dejarlas descargadas por largo tiempo. Esto ocasiona que los sulfatos se cristalicen en las placas, y es muy difícil removerlos, por lo que a la larga se dañan las baterías. Así que si tiene que guardar unas baterías, manténgalas cargadas lo más posible.

> Para mantener esa sulfatación al mínimo o romperla, debemos cargar la batería todos los días al 100% de su capacidad según los parámetros del fabricante.

Estos sulfatos se deben romper y re-mezclar en el electrolito para mantener una mezcla homogénea en la solución. Para evitar daños significativos por sulfatación, debemos mantener las celdas de las baterías inundadas <u>ecualizadas</u>. Eso significa que cada celda del arreglo de baterías debe tener el mismo estado de carga o muy similar. Para ello, es necesario que toda instalación de baterías tenga las conexiones en serie con exactamente <u>el mismo</u> tipo de cable, grosor, longitud y terminales en base a la ampacidad del circuito.

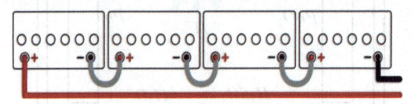

Estas conexiones de conductores con resistencia similar, permiten un mayor control en el proceso de carga y descarga, manteniendo todas las celdas en un estatus de carga similar entre sí.

A su vez, en el proceso de descarga, el ácido sulfúrico H_2SO_4 se convierte en agua H_2O. En otras palabras, el electrolito pierde concentración y se pone *aguado*. Es por eso que el estatus de carga de una batería inundada se mide con un hidrómetro, el cual mide los valores de [14]gravedad específica, los cuales nos muestran el estatus de carga real de la celda. Típicamente debe dar un valor de gravedad específica de 1.274 cuando está cargada y cada celda debe dar una lectura similar. Si no da una lectura similar entre cada una de las celdas del banco

de baterías, puede indicar sulfatación o peor aún, una celda dañada.

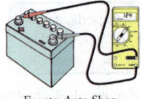

Fuente: Auto Shop

Según mencionado, cuando la batería está descargada, el electrolito está *aguado* y tiene menor gravedad específica y viceversa. El estatus de carga real de la celda no se puede medir con un voltímetro, pues se puede tener una lectura de

---

[14] La gravedad específica es una medición del peso del electrolito en la celda de la batería en comparación con el agua.

voltaje alto en la batería y tener un estatus de carga bajo en el electrolito.

Cuando una batería de ácido-plomo inundado descargada se comienza a cargar, el proceso es a la inversa. El agua se convierte en un ácido fuerte nuevamente, se reforma el óxido de plomo, se rompen los sulfatos y en el proceso se libera hidrógeno. Es por eso que hay que añadir agua cada cierto tiempo, según sea el uso de las baterías.

Fuente: Trojan Battery

Solo se requiere añadir agua destilada hasta la marca de fábrica, previniendo que jamás estén expuestas las placas de plomo y nunca sobrellenar, pues se desbordaría sobre las baterías, perdiendo ácido sulfúrico, creando corrosión y daño permanente a las baterías.

Para reducir la evaporación del agua de las baterías, varias compañías han desarrollado tapones especiales que permiten la ventilación de las celdas, pero condensan parte del gas de hidrógeno que está escapando.

Water miser

Aunque darle mantenimiento a un banco de baterías no es tarea laboriosa, hay empresas que para facilitar el relleno de agua a las baterías, proveen sistemas manuales o automáticos que se encargan del proceso.

El conjunto de placas se agrupa en celdas o elementos independientes, de unos 2.12 V cada una, 2 V nominal. **El voltaje depende del material de la batería, mientras que la corriente depende del tamaño de la celda.** Es por eso que regularmente se utilizan baterías de 6V nominal, pero bien grandes en tamaño para aumentar la capacidad en corriente, por ende en almacenamiento de energía.

Las baterías de carga profunda son muy diferentes a las baterías de los vehículos. Para los autos se utilizan baterías con mucha área fina de plomo en su interior, con tal de producir grandes corrientes en poco tiempo, llamada corriente de arranque o

Fuente: Battery University

cranking amps. Eso es necesario para que el arrancador del vehículo mueva la volanta y prenda el auto. Esta corriente es utilizada por uno o varios segundos. Es por eso que cuando un auto no enciende rápido y lo continúa tratando de encender, la batería se agota rápidamente. A su vez, tienen menor tiempo de vida.

En cambio, las baterías de carga profunda están diseñadas con platos de plomo más gruesos y material activo más denso, para proveer menores magnitudes de corriente por mayor tiempo. A su vez, son más longevas, proveen más tiempo de vida útil.

Fuente: Battery University

Para identificar el voltaje de una batería de ácido-plomo basta con contar los tapones de la parte superior y multiplicarlo por el voltaje nominal de la celda. En este caso, 6 tapones por 2V nominal, esto es una batería de 12V.

Sulfatación y estratificación en las baterías de ácido-plomo inundado

Las baterías hay que protegerlas lo más posible de la sulfatación, *sulfatos de plomo acumulado en los platos*. Cuando la sulfatación de las placas aumenta, produce dos cosas: ① la batería gana voltaje más rápido al ser cargadas y ② se descarga más rápido porque pierde

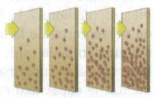

Fuente: Good Old Boat

capacidad de acumulación de carga. Si la sulfatación es grande y llega de una placa a otra, crea un corto circuito, cruzando la batería.

La estratificación es la *separación del agua y del ácido sulfúrico.* Siendo el ácido más pesado que el agua, se asienta en el fondo de la batería. Esto causa mayor sulfatación en los platos, menor estado de carga y a su vez puede cruzar la batería.

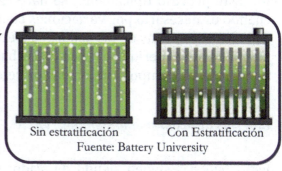

Sin estratificación   Con Estratificación
Fuente: Battery University

Fuente: Kool Aid

Piense en un vaso de bebida en polvo. Cuando lo prepara y lo bate sabe muy bien. Si lo deja en reposo por un tiempo y luego lo toma, primero le sabe aguado y luego un melao y esto no es bueno. Para evitarlo, hay que batir la mezcla de vez en cuando con tal de mantener una solución homogénea con buen sabor.

Ese proceso de batir, en las baterías se hace electrónicamente y se llama ecualización. *Solo lo hacemos en baterías de ácido-plomo inundado.* Cada manufacturero tiene un voltaje de ecualización para sus baterías. El controlador MPPT en un proceso programado y controlado, envía un voltaje alto con baja corriente según programado. En un banco de 48 V, ese voltaje generalmente es 64 V o cercano. El banco debe estar en un área ventilada y debe abrir el tapón de las celdas para que ventilen, pues el alto voltaje va a hacer burbujear el electrolito. Esto debe *desulfatar* las placas, batir el electrolito para eliminar la estratificación y en el proceso se libera gas de hidrógeno, produciendo cierto olor a huevos hueros. Este gas en altas concentraciones es explosivo, por lo cual no debe hacer ecualizaciones en espacios confinados.

Es muy importante que al momento de ecualización las placas estén sumergidas bajo el electrolito, pero las celdas NO estén llenas al máximo, pues el burbujeo produciría un desbordamiento. Este proceso típicamente se hace cada mes por una hora o cuando es necesario por variaciones considerables entre las gravedades específicas de las celdas. La ecualización extiende sustancialmente el periodo de vida de las baterías inundadas y mantiene por más tiempo la capacidad de retención de energía.

Baterías de ácido-plomo selladas (VRLA) Valve Regulated Lead Acid

Estas baterías siguen siendo de ácido plomo, pero son selladas. Conocidas como baterías de electrolito absorbido o secas.

No tienen tapones en las celdas, solo unas válvulas que permiten que salga una pe-

Fuente: Renogy

queña porción de gas de hidrógeno cuando la presión interna excede los límites de la válvula. No requieren que se les eche agua, pues son selladas. Tampoco puede ecualizarlas, por lo cual mayor atención es necesaria en los procesos de carga y descarga.

Hay dos tipos de baterías de ácido-plomo selladas, la primera siendo (AGM) *Absorbing Glass Mat* y la segunda de Gel.

Baterías AGM

Fuente: Trojan Batteries

Son una evolución de las baterías de gel, con todas sus ventajas y sin sus inconvenientes. Están selladas y tienen válvulas de regulación de presión.

Las placas de plomo se intercalan firmemente entre unas mallas absorbentes de fibra de vidrio, que se encuentran saturadas en un 90 % con el electrolito, el cual queda totalmente confinado y se difunde en ellas por acción capilar. El 10% de espacio "vacío" en las mallas, proporciona los conductos por los cuales el oxígeno liberado en la placa positiva durante el gaseo puede alcanzar la placa negativa, donde se recombina y vuelve al agua, evitando la formación de hidrógeno en esa placa.

Es prácticamente cero la pérdida de agua durante la vida de una batería AGM. Esto permite el uso de antimonio en las placas, mejorando la resistencia mecánica y permitiendo profundidades de descarga superiores a las de tipo gel.

Las baterías AGM son las más resistentes a los choques y vibraciones, debido a las mallas de fibra de vidrio que le proporcionan un soporte muy firme a las placas. Estas baterías tienen una resistencia interna extremadamente baja, lo que se traduce en una capacidad para entregar y absorber corriente mucho mayor que en las de gel y con una disipación mínima de calor.

Es posible cargarlas hasta niveles de tensión típicos de las baterías de ácido-plomo inundado, lo que resulta imposible en las de tipo gel.

Se comportan mejor en el almacenamiento a largo plazo, como en los sistemas de medición neta donde están *standby* para cuando la red no esté disponible, uso en botes, vehículos recreativos, cabinas remotas utilizadas en algunas temporadas del año y convenientes para uso en apartamentos donde tienen que estar adentro, pues es mínimo el gas de hidrógeno que emanan.

Por su mantenimiento reducido, menor emisión de gas de hidrógeno y su apilabilidad, son más costosas. A pesar de su costo mayor, son sensibles a las altas corrientes de carga y generalmente duran menos tiempo que las inundadas.

Baterías de tipo Gel

Las baterías de tipo Gel son herméticas, selladas, no requieren mantenimiento y son de electrolito inmovilizado.

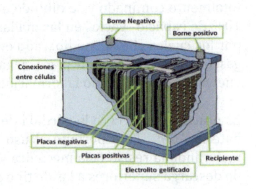

Fuente: SOS Baterías

El electrolito es similar a la de las baterías de electrolito líquido, pero consiste en una solución de ácido sulfúrico que se presenta en forma de gel, debido a la adición de una sílice especial.

Durante la carga se producen pequeñas grietas en el gel que permiten la recombinación de los gases liberados durante el gaseo. Como los gases liberados y no recombinados pueden provocar un aumento excesivo de la presión en el interior de la batería, cada celda dispone de una válvula de regulación de presión que permite aliviar esa sobrepresión originada por una carga excesiva.

En las placas se utiliza una aleación de plomo y calcio, lo que reduce el gaseo, el consumo de agua y la auto descarga, en detrimento de la resistencia mecánica y la profundidad de descarga. Aun así, la carga debe realizarse sin exceder la corriente de carga máxima recomendada por el fabricante, de lo contrario, produce una cicatriz irremediable en el gel.

Son sensibles en climas calurosos, que puede reducir la longevidad de la batería. Son costosas, menos longevas y no deben ser cargadas con un alternador del vehículo. Una ventaja es que el gel permite la colocación de la batería en cualquier posición (salvo indicación del fabricante) y sin peligro de pérdida del electrolito.

Hay muchos tipos de combinaciones de elementos en las baterías ácido-plomo y diferentes tipos de baterías de Níquel, Manganeso y Cobalto. En la época que estamos viviendo, la batería de litio *LiFePO4* es la más deseada por múltiples beneficios.

Baterías de Litio o Li-Ion

Las baterías de *LiFePO4* ofrecen unas características técnicas muy superiores en comparación con las demás baterías del mercado actual. Cuentan con una vida útil extraordinaria y una capacidad de carga y descarga muy eficiente. No requieren de mantenimiento ni emiten gases, por lo que pueden ser instaladas en interiores.

Fuente: Altronix

Es el tipo de baterías que todos debemos mirar de cerca, pues debido a la entrada de vehículos eléctricos al mercado y la revolución de Tesla y otras compañías, hay competencia global por proveer baterías seguras, de alto rendimiento, económicas y longevas.

No hay duda que en la próxima década veremos nuevas tecnologías sobrepasar la batería de litio actual, pero en lo que el hacha va y viene debemos optimizar los beneficios actuales de las baterías de litio ferro fosfato *LiFePO4* o *LFP*.

-¿Por qué las baterías de litio son las mejores baterías solares?

Es necesario comparar las baterías de *LiFePO4* con la batería estándar de ácido-plomo, para comprender por qué se han convertido en el nuevo estándar para los sistemas de energía renovable.

Ácido-Plomo   LiFePO4

Veamos algunas de las ventajas.

Ciclos más profundos: toleran del 80-100% de profundidad de descarga (**DoD**) en comparación con el 50-60%, lo que permite el uso mayor de energía almacenada en amperios-hora **Ah** o vatios-hora **Wh**.

1. Más duradero: presenta una vida útil de 6,000 a más de 10,000 ciclos en comparación con aproximadamente 3,000 ciclos de las ácido-plomo de primera calidad.

2. Menor costo por ciclo: son más costosas inicialmente, pero con más ciclos y más profundos, el costo por ciclo de *kWh* de las baterías de litio es incomparable.

3. Sin mantenimiento: no hay que añadir agua, ecualizar, ni limpiar terminales corroídos.

4. Tolerante a temperaturas ambiente más bajas sin que la capacidad se vea afectada. Incluso hay algunos modelos de KiloVault clasificados para temperaturas bajo cero y las Tesla Powerwall las vemos instaladas en el exterior de algunas residencias.

5. Seguras y no tóxicas, sin problemas de escape de gases o fugas térmicas, se pueden instalar en interiores, lo que reduce aún más los problemas de capacidad relacionados con la temperatura en los meses de clima frío o muy caliente.

6. Son más livianas. Mejor para mover e instalar, aunque toda batería tiene un peso considerable. Una Tesla Powerwall 2 con capacidad de 13.5 *KWh* pesa alrededor de 250 libras.

7. La mayoría de las baterías solares de LiFePO4 tienen un sistema de *monitoreo* de batería integrado (**BMS**), *Battery* Monitor

System, que controla el estado de carga (SoC), State of Charge, y protege las celdas de los peligros de alto voltaje, corriente y temperatura.

Las baterías de *LiFePO₄* son ideales para residencias con sistemas de medición neta o desconectado de la red, instalaciones comerciales e industriales, vehículos recreacionales, vehículos eléctricos y para todo tipo de instalación. La inversión inicial es mayor que con las baterías de ácido-plomo, pero el retorno sobre la inversión es muy superior.

Hemos visto la evolución acelerada en la disponibilidad de baterías de *LiFePO₄* y debemos considerar adquirir los modelos más convenientes. Hay marcas genéricas con celdas de *LiFePO₄ UL Listed* de calidad similar a las marcas principales y a una fracción del costo. En este año 2021 vemos en el mercado bancos de baterías de *LiFePO₄* de 10 *KWh* cerca de los \$5,000. Esto representa un costo de \$0.50/Watt.

¡Fantástico!

-¿Qué tipo de batería de LiFePO₄ debo adquirir?

En los pasados años esta tecnología estaba demasiado costosa aún y muchas personas recurrían a resolver haciendo sus propios bancos con baterías 18650. Para hacer un banco requiere el uso de uno o varios *BMS* y muchas, muchas baterías 18650. Un banco típico se compone de 1,200 baterías o más. La longevidad es limitada y hay que saber muy bien lo que se está haciendo.

Fuente: Interesting Engineering

Fuente: Power Tex

Eventualmente llegaron los modelos de baterías similares a las tradicionales de 12 V, listas para conectar en series para hacer los bancos de baterías. Algo costosas aún.

Debido a la alta demanda y altos precios de las marcas principales, muchos entusiastas tornaron la mirada a bancos de baterías sin marca, a un voltaje típico de 3.2V y 100Ah. Requieren el diseño del banco y una instalación con cables o barras de conexión adecuadas a la ampacidad del circuito.

Fuente: DH Gate

En el transcurso vemos a compañías como Simpliphi ofrecer baterías de 48 V con una capacidad de 3.8 *KWh* por debajo de los $3,000. Una garantía de 10 años y expectativa de vida de 15 a 20 años.

La competencia y oferta es cada vez más agresiva para acaparar parte del mercado.

A pesar que las grandes compañías solares en Puerto Rico instalan los sistemas con baterías de *LiFePO₄* marca Sonnen, LG Chem, Tesla, Fortress o Panasonic, hay muchas opciones adicionales en el mercado actual y se espera solo que mejore en beneficio del consumidor.

Al día de hoy vienen las baterías listas para utilizar, *plug and play*. El gabinete viene estilo *Powerwall* a 48V, con la capacidad nominal generalmente cerca de los 10 *KWh*, 6,000 ciclos o más y garantía de 10 años de fábrica. Algunas traen hasta los cables, pantalla de monitoreo y cortacorrientes incluidos. Esto a un costo accesible e indica que no tenemos que ponernos a inventar como antes. Es cuestión de calcular la capacidad de reserva necesaria en *KWh* y suministrarla con uno o más gabinetes de la misma marca y modelo escogido.

Capacidad de energía de una batería

 Después de todo, el interés está en determinar cuál debe ser la capacidad del banco de baterías necesario para cubrir el consumo energético de la instalación. Ese cálculo se hace en la sección de diseño de un sistema fotovoltaico, pero debemos entender el concepto de capacidad energética de una batería o banco de baterías. Podemos hacer maravillas con la energía, siempre y cuando entendamos las limitaciones y consideraciones mínimas.

Cuando hablamos de capacidad, hay que tomar en consideración el tipo, tamaño, características y uso de la batería en particular. *Recuerde que no es lo mismo con violín, que con guitarra.* Una batería pequeña no debe utilizarse en sistemas de mucha demanda energética y una batería enorme no es costo-efectiva en un sistema pequeño. Así que veamos algunas características a considerar para salvaguardar nuestra inversión.

Las baterías tienen tres características fundamentales como todo circuito eléctrico. Están definidas y limitadas al menos por el voltaje, la corriente y la potencia. Pero hay algunos términos adicionales que vamos a utilizar y es necesario poder entender su significado.

Términos importantes cuando hablamos de baterías

1. **DoD** *o profundidad de descarga*- es el porciento de descarga que sugiere el manufacturero para el tipo de batería. Para las baterías de ácido-plomo, tanto las inundadas, de tipo Gel o AGM, es 50 %. Eso significa que se recomienda utilizar solo el 50% de la capacidad de la batería, mientras el otro 50% se mantiene en ella para su desempeño óptimo. En el caso de

$LiFePO_4$ el **DoD** ronda entre 80% hasta 100%, dependiendo de la batería y las recomendaciones del manufacturero.

2. **Energía** es el producto del voltaje de la batería por su capacidad en Ah y la unidad es Wh.

$$\text{Energía (Wh)} = \text{(Voltaje)} \times \text{(Amperios·hora)}$$

3. **La energía disponible** para uso de una batería cargada al 100% es la energía que podemos utilizar de la batería, menos la pérdida por eficiencia en el inversor.

$$\text{Energía}_{disp.} \text{ (Wh)} = \text{(Energía)} \times DoD \times \text{Eficiencia}_{Inversor}$$

4. **C Rate**- los manufactureros hacen pruebas en condiciones estándar para determinar la clasificación de sus baterías. A una temperatura ambiente de 25ºC y 20 horas de descarga, se determina la capacidad de las baterías para efecto de diseño. Conocido como **C/20**, es la razón de descarga en un periodo de 20 horas. Este es el valor que define la capacidad de la batería y es utilizado para los cálculos de capacidad. Esto es así porque se considera que el sistema carga las baterías al 100% en un lapso de 4 horas y el resto está descargando en alguna manera.

$$A = (C/20) \div 20h$$

5. **Tiempo de uso**- el tiempo de uso de un artefacto eléctrico depende de la energía disponible en Wh y el consumo del equipo en vatios o *watts*.

$$\text{Tiempo de uso (horas)} = \text{Energía}_{disp.} \text{ (Wh)} / \text{Consumo (W)}$$

¿En términos prácticos, qué significa el C/20 de una batería?

Consideremos una batería de carga profunda con un C/20 de 400 Ah.

$$A = (C/20) \div 20h \quad \text{entonces:}$$

$$A = (400 \text{ Ah}) \div 20 \text{ horas} = \mathbf{20\ A}$$

Esto significa *en teoría*, que si a esta batería, estando totalmente cargada, se le conecta una carga de 20 A, en un lapso de 20 horas se agotaría toda su energía. Si se le conecta una carga mayor a 20 A se agotaría más rápido y si se le conecta una carga menor a 20 A duraría más tiempo.

Razón de descarga de las baterías

Debemos recordar que las baterías proveen energía por reacciones químicas y mientras menor sea la razón de descarga de la batería, más tiempo le va a durar la energía. Es similar al tanque de gasolina del vehículo. Si usted conduce a prisa y frena bruscamente, el mismo tanque de gasolina le va a durar menos que a aquel conductor que acelera lentamente y frena de espacio.

Una batería de un *C/20 = 100 Ah,* en teoría puede proveer 100 A de corriente durante una hora, mientras que puede brindar 1 A por 100 horas y hasta por un poco más de tiempo.

-Algunos detalles adicionales a considerar.

Las baterías son un envase de guardar energía y no discrimina su procedencia, sino el tipo de corriente, que es DC. Utilizamos energía solar para cargar las baterías, ya que la corriente es DC y hay una alta eficiencia en el proceso, significando pocas perdidas. A su vez podemos complementar con fuentes alternas de energía. Para ello podemos utilizar una turbina eólica, una turbina micro hidroeléctrica o energía AC con un generador o la utilidad.

-Ejemplo de capacidad de una batería TROJAN SPRE 12 225

¿Cuánta energía tengo disponible en una batería TROJAN SPRE 12 225 *(J200-RE 12V) de ácido-plomo de 12 V y C/20= 204 Ah?*

La energía que puede almacenar la batería es la que cabe adentro, no más. Este modelo tiene una vida útil de 1,900 ciclos @ 50% **DoD**. Si está completamente cargada, tenemos una energía disponible de:

$$\text{Energía} = (12 \text{ V}) \times (204 \text{ Ah}) = \underline{2{,}448 \text{ Wh}}$$

Esta batería tiene una capacidad de 2,448 Wh, es de 12V y 204 Ah.

-¿Cuánta de esa energía tengo disponible para utilizar?

Asumiendo que se le conecta un buen inversor de 12v con una eficiencia de 93% y una profundidad de descarga de 50%, tenemos lo siguiente.

-Energía total en la batería al 100% = 2,448 Wh
*-Energía disponible para **DoD**=50% y eficiencia del inversor de 93%.*

$$\text{Energía}_{disp.} \text{ (Wh)} = \text{(Energía)} \times DoD \times \text{Eficiencia}_{Inversor}$$

$$\text{Energía}_{disp.} = 2{,}448 \text{ Wh} \times 0.5 \times 0.93 = \underline{1{,}138 \text{ Wh}}$$

En este caso, en resumen, con una batería TROJAN 12V de 204Ah, hay una energía disponible de 1,138 Wh @ C/20 y una eficiencia del inversor de 93%.

-¿Qué podemos hacer con esa energía disponible?

En este caso, conectando un abanico que consume 60W, tendríamos lo siguiente:

$$\text{Horas de uso} = 1{,}138 \text{ Wh} / 60 \text{ W} \approx \underline{19 \text{ horas}}$$

Un abanico que consume 60 W puede estar conectado a esta batería por 19 horas llegando al 50% *DoD*. Fantástico, porque ninguna noche tiene 19 horas, por lo cual una batería de éstas es un buen resuelve para el calor. Utilizando el mismo procedimiento con diferentes valores, puede obtener información valiosa de capacidad de una batería o un banco de baterías. Recuerde que puede descargar hasta 80% si es su preferencia, solo que las baterías duraran menos tiempo, aunque tendrá más energía disponible al momento.

Puede medir el consumo de su artefacto eléctrico y así saber cuánto tiempo debe durar la energía disponible en la batería o en su banco de baterías. Para ello puede utilizar un potenciómetro, donde conecta el equipo de 120V y le indica el consumo en vatios.

Factores que afectan el desempeño de una batería

Las baterías, independientemente de la tecnología, son vulnerables al ambiente y al uso y abuso de sus propietarios. La temperatura, edad, razón de carga y descarga, conexiones, cables, terminales, localización, mantenimiento y otros elementos, definen la longevidad de las baterías.

Es importante tenerlas en sitios secos, protegidas de los elementos, a temperatura ambiente y utilizarlas bajo los términos de diseño del manufacturero.

NUNCA instale baterías en tablillas desde donde pudieran caerse y hacer daño. Las baterías son muy pesadas, con químicos en su interior y con un potencial peligro de dar un shock eléctrico que puede encender un fuego y/o costar la vida.

El mantenimiento, limpieza y consideración de su sistema le proveerá mayor tiempo de uso y disfrute. Las baterías frías tienen menos capacidad de carga, mientras que las calientes tienen más, pero afecta su longevidad adversamente.

En un banco de baterías puede fallar alguna por diferentes razones. De allí nace la necesidad de reemplazar una batería o el banco completo. Depende de la edad del banco para tomar una decisión acertada. Si el banco tiene mucho tiempo, no vale la pena cambiar una sola batería, pues las baterías viejas van a reducir la capacidad de vida y uso de la nueva.

Las baterías sulfatadas cargan más rápido, debido a que tienen menos capacidad interna y se descargan rápidamente. Sea por desgaste natural o por mal uso, las baterías en algún momento alcanzan su termino de vida útil. Al momento de invertir o reemplazar baterías, debe to-

mar decisiones informadas, con miras a largo plazo, siempre recordando que lo barato sale caro.

> *Nunca utilice las baterías de ácido-plomo a un DoD mayor al 80%, porque va a reducir su vida útil drásticamente.*

¿Cuánta energía debe producir una batería durante su vida útil?

Las baterías tienen muchas características que las definen y unas son mejores que otras, por eso son más costosas. La idea es que la energía que almacenen o suplan, sea costo-eficiente. Para ello, vamos a calcular la energía que las baterías pueden producir en su vida útil. Luego compararemos el costo de esa energía contra el costo que representaría comprar esa energía de la utilidad. Recuerde que la utilidad factura un costo variable por *kWh* utilizado.

$$\text{Energía producida de por vida en } kWh$$
$$= \frac{Ah \ x \ DoD \ x \ Ciclos \ x \ Voltaje}{1000}$$

-Ejemplo de cantidad de energía producida por una batería durante su vida útil

-¿Cuánta energía debe producir de por vida una batería de ácido-plomo modelo Trojan Solar SPRE 06 415Ah a diferentes profundidades de descarga DoD? C/20 = 377 Ah.

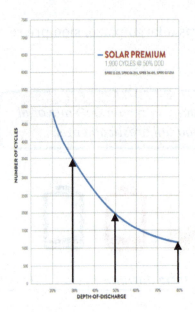

De la gráfica de ciclos vs profundidad de descarga, podemos obtener la siguiente información.

1. 30% *DoD* = 3,400 ciclos
2. 50% *DoD* = 1,900 ciclos
3. 80% *DoD* = 1,200 ciclos

Fíjese que mientras menos energía utilice de las baterías diariamente, más tiempo le deben durar. Pero las baterías son para utilizarse, ¿NO?

Podemos estimar la energía producida de por vida para esta batería Trojan Solar SPRE 06 415Ah de acuerdo a la profundidad de descarga, para llegar a algunas conclusiones de uso.

1. *Energía producida de por vida a 30% DoD*

$$= \frac{377Ah \; x \; 0.30 \; x \; 3,400 \; x \; 6V}{1000} = 2,307 \; kWh$$

2. *Energía producida de por vida a 50% DoD*

$$= \frac{377Ah \; x \; 0.50 \; x \; 1,900 \; x \; 6V}{1000} = 2,149 \; kWh$$

3. *Energía producida de por vida a 80% DoD*

$$= \frac{377Ah \; x \; 0.80 \; x \; 1,200 \; x \; 6V}{1000} = 2,172 \; kWh$$

¿A qué profundidad de descarga DoD conviene utilizar las baterías de ácido-plomo?

Existe la percepción de que las baterías de ácido-plomo no conviene utilizarlas a un *DoD* mayor de 50%. La verdad es que depende del objetivo del uso.

①   Si su objetivo es *longevidad*, mientras menor el *DoD,* más tiempo de vida (*ciclos*) tendrá la batería.

②   Si su objetivo es la *producción óptima de energía* en la vida útil de la batería, entonces un *DoD* de 80% podría ser el más adecuado. Le van a durar un poco menos de tiempo, pero utilizará más de la energía de almacenamiento diariamente.

¿Vale la pena invertir en baterías?

Siempre y cuando se haga una buena selección y uso adecuado, las baterías se pagan a sí mismas con su almacenamiento energético.

Para entender esto, podemos calcular la producción energética de por vida de una batería o de un banco de baterías, en dólares. Luego comparamos contra su costo.

$$\text{Costo energía producida de por vida de baterias}$$
$$= \frac{Ah \ x \ DoD \ x \ Ciclos \ x \ Voltaje \ x \ Costo \ kWh}{1000}$$

-Ejemplo de cálculo de costo de la energía almacenada y producida con baterías de ácido-plomo.

Batería Crown de 6V y 390Ah. El manufacturero establece que debe durar 1200 ciclos @ 50% DoD. El costo actual del *kWh* es 0.25¢/*kWh*. Costo aproximado de la batería son $320.

Podemos determinar cuál es el costo de la producción de energía de por vida de una batería, utilizando la fórmula:

$$
\text{Costo de energía producida por vida de la bateria } \textbf{Crown 6V 390Ah}
$$

$$
= \frac{\left(390Ah \times 0.50 \times 1{,}200 \times 6V \times \frac{0.25\ \cent}{kWh}\right)}{1{,}000\frac{W}{kW}} = \$351
$$

Da lo mismo si utilizamos la información del banco en vez de la batería individual. Un banco de 48V, requiere 8 de estas baterías de 6V, a un costo de $320 x 6 = $2,560.

Podemos determinar cuál es el costo de la producción de energía de por vida de un banco de baterías, utilizando la misma fórmula:

$$
\text{Costo de energía producida por vida del banco con } \textbf{Crown 6V 390Ah}
$$

$$
= \frac{390Ah \times 0.50 \times 1{,}200 \times 48V \times \frac{0.25\ \cent}{kWh}}{1{,}000\frac{W}{kW}} = \$2{,}808
$$

Podemos observar que la batería individual tiene un costo de $320 y produciría energía por $351 en su vida útil @ 50% *DoD*, considerando el costo por *kWh* a 0.25¢/*kWh*, representando al menos un 9.7% de ganancia. Si el costo de la utilidad fuera 0.30¢/*kWh*, produciría energía por $421.20, representando un 31.6% de ganancia. O sea, mientras más caro es el costo de la utilidad, mayor es el beneficio de tener baterías.

Veamos el beneficio del banco de 48V. 8 baterías @ $320 c/u cuestan $2,560. Produciría energía por $2,808 en la vida útil @ 50% *DoD*, considerando el costo por *kWh* a 0.25¢/*kWh*, representando un 9.7% de ganancia. Si el costo de la utilidad fuera 0.30¢/*kWh*, produciría energía por $3,369.60, representando un 31.6% de ganancia.

Todos sabemos que el costo por *kWh* ha venido y continuará aumentando cada día. De manera tal que las baterías producen cada vez mayores beneficios, especialmente en las localidades donde se factura el consumo eléctrico en las horas pico a precios mucho más altos.

 ¿Cuánto es el valor de tener electricidad en medio de un apagón, no tener fluctuaciones de voltaje, no hacer filas en gasolineras, no depender de la utilidad o generadores?

¿Es costo efectivo invertir en baterías de LiFePO₄?

Hagamos los cálculos para un banco de *LiFePO₄* de eVault Fortress 18.5 *kWh* a 48V, al menos 6,000 ciclos de vida útil @ 80% *DoD*. Costo aproximado de $11,000.

> *Costo de energía producida de por vida*
> ***eVault Fortress* 18.5 *kWh* =**
>
> $18.5\ kWh \times 0.80 \times 6{,}000 \times \frac{0.25\ ¢}{kWh} = \$22{,}200$

Al parecer el costo inicial es muy alto en una batería de *LiFePO₄*. Para este modelo, estamos considerando tan solo los 6,000 ciclos de vida útil cubiertos en la garantía, pero la batería puede durar miles de ciclos adicionales y generar una ganancia mucho mayor. También estamos considerando 80% *DoD* y la compañía asegura capacidad de 100% *DoD*. Considerando un precio de la utilidad de 0.25¢/*kWh*, tenemos un estimado de producción de energía en su término de garantía de $22,200, representando un 101.8%

de ganancia. Si consideramos un precio de la utilidad de 0.30¢/kWh, tenemos un estimado de producción de energía en su término de garantía de $26,640, representando un 142% de ganancia.

¡Es increíble el margen de beneficio si utilizamos baterías de LiFePO$_4$ en nuestros sistemas de energía renovable!

¿Alguna vez ha pasado un mal rato por un apagón, falta de servicio eléctrico o fluctuaciones de voltaje? ¡A algunos de nosotros nos encebolla el hígado!

Para no sufrir apagones o necesidades por electricidad, tenga sistema de medición neta o desconectado de la red, necesita un banco de reserva de energía. Las baterías son el componente más costoso de un sistema de energía renovable, pero hemos podido observar que se pagan a sí mismas. *¡Aquí es donde se separa el trigo de la paja!* Tener un banco de baterías adecuado para su sistema, en especial aquel que le permita vivir una vida desconectado de la red, representa una gran distinción. *¡Pero recuerde, si las baterías fueran baratas, todo el mundo las tendría!*

En nuestros talleres de energía renovable los participantes comprenden la importancia de reemplazar los equipos eléctricos de alto consumo cuando hacen el cálculo del banco de baterías. En la sección de conciencia energética le hemos mostrado lo conveniente de utilizar equipos de alta eficiencia para reducir el tamaño necesario de reserva.

Criterios para elección de las baterías

Antes de entrar en los cómputos de la capacidad necesaria de un banco de baterías para suplir el consumo deseado, es importante tener en mente los criterios que nos llevan a la elección de las baterías.

Para comenzar debemos considerar cual tecnología favorecemos. Ciertamente, en la actualidad la mejor inversión es en un banco de baterías de *LiFePO₄*. Sin dudas que las baterías de litio van a costarle más inicialmente, apuntando a 0.60¢/W vs 0.15¢/W en baterías de ácido-plomo. Pero su productividad, desempeño y longevidad, entre otras virtudes, garantizan un menor costo a largo plazo y mayor retorno sobre la inversión. También estamos conscientes que no siempre podemos adquirir lo que deseamos, al menos no de inmediato.

¡Recordemos que se estira el pie hasta donde llega la sábana!

En un sistema desconectado de la red, el banco de baterías es la fuente principal de energía, pues el sistema fotovoltaico o el generador de reserva solo las rellena. En un sistema de medición neta las baterías están en modo de espera o *stand-by* para ser utilizadas en la eventualidad de un apagón o falla de la utilidad. Es por eso que en su mayoría los sistemas de medición neta no tienen baterías, excepto en aquellos casos donde la red es inestable e ineficiente, como en nuestro país, donde tener baterías es fundamental. Por lo tanto, en un sistema de medición neta generalmente se tiene un banco de baterías para suplir las cargas críticas en caso de un apagón, mientras que en un sistema desconectado de la red, el banco de baterías está trabajando todo el tiempo.

Entonces, siendo que son diferentes enfoques, debe pensar de acuerdo a donde desea llegar. Para los efectos del sistema que estamos enfocándonos, desconectado de la red, el banco de baterías tiene que almacenar y suplir <u>toda</u> la energía que necesitamos. Quiere decir, que lo que consumimos tenemos que generarlo con energía solar y almacenarlo para cuando no haya sol. En los pocos momentos donde la energía solar no sea suficiente, debemos compensar con el uso de la utilidad o un generador.

Para trabajar los cálculos es necesario entender algunos términos adicionales:

1. **Voltaje nominal del sistema** –es el voltaje del banco de baterías.

    ✦ 0 – 1000 W   Puede ser 12 *VDC.*

    ✦ 1,000 - 2,000 W   Puede ser 24 *VDC.*

    ✦ > 2,000 W   **48 *VDC***

El voltaje del sistema es el voltaje de entrada del inversor, o sea, el voltaje del banco de baterías. Todos nuestros sistemas residenciales deben ser de 48 *VDC* nominal.

2. [15]**Eficiencia del inversor** – todo inversor consume energía para operar. Mientras menos consuma mejor y la eficiencia nunca debe ser menor a 90%.

3. **Días de autonomía** – son la cantidad de días que desea que dure la energía almacenada en caso de días nublados o de menor producción. Es un multiplicador y generalmente lo dejamos en 1 día. Si no hay suficiente sol las cargamos con la utilidad o con un generador, al menos que las circunstancias dicten otra cosa.

4. **La temperatura de operación del banco de baterías** – el banco de baterías siempre debe estar localizado en un área fresca a temperatura ambiente. Las baterías en sitios muy fríos tienen menor capacidad, mientras que en sitios calientes la capacidad es mayor, pero menos longevas.

---

[15] Es la relación que existe entre los recursos empleados en un trabajo y los resultados obtenidos con el mismo.

5.   Factor de compensación por temperatura

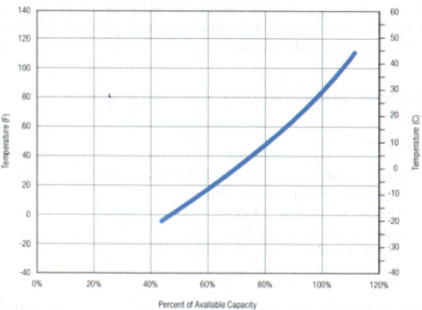

PERCENT CAPACITY VS. TEMPERATURE

Este valor debe estar disponible en la literatura de la batería o hay que solicitarlo al manufacturero. **A temperatura ambiente, 77ºF, utilizamos 1**, pues tenemos el 100% de la capacidad disponible a esta temperatura. Cuando el banco de baterías se ubica a 60ºF, generalmente el valor es 0.9. Demás valores se obtienen de la gráfica provista por el manufacturero.

¿Cómo calcular la capacidad de un banco de baterías?

$$\textbf{\textit{Capacidad del banco de baterías en kWh}}$$

$$= \frac{Consumo\ mensual\ kWh\ x\ Días\ de\ autonomía}{30\ días\ x\ Eficiencia\ inversor\ x\ DoD\ x\ Factor\ temperatura}$$

Se utiliza el mismo consumo que utilizamos para calcular el arreglo de los paneles fotovoltaicos para la instalación. Hay que buscar la eficiencia del inversor que va a utilizar, disponible en los datos suministrados por el manufacturero. Escoja la profundidad de descarga (*DoD*) a utilizar. El factor de corrección por temperatura o eficiencia a temperatura ambiente para *LiFePO4* es 0.9 y 0.8 para ácido-plomo.

-Ejemplo de cálculo de capacidad de un banco de baterías

Datos:

-Consumo de la residencia = 300 kWh mensual
-Eficiencia del inversor = 90%
-Días de autonomía = 1 día
-Tipo de batería = LiFePO4
-Profundidad de descarga = 80%

Utilizando la fórmula para calcular la capacidad necesaria del banco de baterías, tenemos:

$$Capacidad\ banco = \frac{300\ kWh\ x\ (1\ días)}{30\ x\ (0.9)\ x\ (0.8)\ x\ (1)} = \mathbf{14\ kWh}$$

Certificaciones a considerar para baterías

UL 62093 – Norma UL® para componentes de equilibrio de seguridad del sistema para sistemas fotovoltaicos - Cualificación de diseño en ambientes naturales.

IEC 61427 - Certificación de almacenamiento de energía para sistemas de energía solar, celdas y baterías secundarias para sistemas de energía fotovoltaica (PVES). Requisitos generales y métodos de prueba.

Terminales

No todos los cables requieren conexiones MC4, solo las expuestas a los elementos. En las cajas de combinación o en las conexiones de las baterías es necesario el uso de los terminales o *cable lugs.*

Los [16]terminales se utilizan según el calibre y tipo de conductor. Deben tener la marca grabada o listados por UL®. Tienen dos números tallados, el primero es el calibre del cable y el segundo es el tamaño del orificio. El orificio debe ser del tamaño correspondiente al tornillo de la conexión para asegurar una conexión firme y segura.

La intención de los terminales es prevenir el sobrecalentamiento y la corrosión de la terminación del conductor. En la ilustración superior se puede observar algunas de las consecuencias de terminales inadecuados, mal instalados y corroídos.

Los terminales están diseñados para resistir altas corrientes y vienen de dos materiales principales. Uno es puro cobre y el

---

[16] Los terminales son las terminaciones de los extremos de un conductor.

otro es cobre estañado o *tin plated*, siendo mejor para evitar la corrosión.

Para fijar la conexión es necesaria una herramienta especial para comprimir estos terminales, llamada [17]crimpadora de martillo o *hammer crimper*. Esta conexión del terminal al conductor tiene que ser sumamente fuerte para evitar puntos calientes que representan daños a los equipos y peligro de incendio.

Una vez hecha la conexión, se cubre con un pedacito de

tubo termo retráctil y se calienta con una pistola de calor. Es muy importante hacer conexiones firmes de acuerdo al torque recomendado por el manufacturero para la conexión en particular.

Precaución con los bancos de baterías

Los bancos de baterías son el componente más costoso de nuestro sistema de energía renovable. Debemos mantener en mente que la energía para mantener la instalación encendida está almacenada en esa reserva. Quiere decir que si es suficiente energía para encender la nevera, el televisor, el aire acondicionado y muchos artefactos adicionales, es suficiente para hacer daño considerable también.

Hemos señalado la importancia de que todos los conductores de una serie sean del calibre adecuado e iguales para mantener cada celda ecualizada. Los conductores preferidos para las cone-

---

[17] Hay diferentes diseños de crimpadoras.

xiones en las baterías son los cables de máquina de soldar *"welding cables"* por su flexibilidad, resistencia a químicos y altas temperaturas, así como su alta ampacidad. Siendo que hay altas corrientes en los polos o terminales, es imperativo que las conexiones se ajusten al torque indicado por el manufacturero.

Fuente: CED Green Tech

De utilizar una arandela en la conexión, NUNCA instalarla entre el terminal y el polo, porque se puede soldar creando un punto caliente de alto riesgo para la batería y la instalación. En otras palabras, entre el terminal y el polo de la batería no debe haber obstrucción alguna, el contacto tiene que ser directo.

Fuente: Trojan Batteries

Para evitar la corrosión en los terminales y conexiones de los bancos de baterías, es recomendable utilizar algún protector de terminales en aerosol. Previene la costra blanca que se forma al ácido de las baterías corroer los terminales. Lo puede adquirir en su tienda por departamentos favorita o en una tienda de piezas para vehículos de motor.

¿Sabía usted que...?

NO debemos conectar los paneles fotovoltaicos directamente a nuestras baterías. La producción solar tiene muchas variaciones de acuerdo al estado del tiempo y los paneles fotovoltaicos no tienen la capacidad de desconectarse por sí mismos cuando las baterías están cargadas. Hacer esto dañaría la inversión más costosa de un sistema fotovoltaico, las baterías. Para ese control y protección necesitamos los controladores de carga.

Desulfatadores

Los desulfatadores de batería agitan eléctricamente los cristales de sulfato que se acumulan en las placas de plomo de una batería de ácido plomo inundado (FLA) durante un período de tiempo. Similar a las ecualizaciones controladas que hacen los controladores de carga MPPT. Antes de la existencia de los desulfatadores, las baterías con acumulación de sulfato se considerarían efectivamente muertas. Existen desulfatadores que se pueden usar en grandes bancos de baterías, o incluso con esa vieja batería de automóvil de 12 voltios que almacenó en su garaje.

Por lo general, un desulfatador debe usarse junto con varios ciclos de carga y descarga para aprovechar plenamente sus beneficios. Algunas compañías recomiendan dejar el desulfatador permanentemente conectado para evitar que se produzca la sulfatación. Es una opción recomendada por manufactureros para las baterías de AGM que no se pueden ecualizar.

Algunas de las marcas principales de baterías

X Conductores, conductos y sistemas de protección

Hay instancias donde la corriente eléctrica no requiere de conductores para fluir, como es el caso de los relámpagos o campos magnéticos. Hemos visto que todo campo magnético induce una corriente eléctrica y toda corriente eléctrica induce un  campo magnético. Con este principio electro-magnético se produce la electricidad mecánicamente y se modifica en los transformadores. Pero la naturaleza hace su trabajo eléctrico también y mejor que nosotros.

Es tanto el voltaje y la corriente de un rayo que puede fluir a través del aire calentándolo a miles de grados de temperatura en un instante, por eso alumbra como bombilla incandescente. En términos de energía no es tanta como para cubrir los costos de intentar colectarla y utilizarla, pues estos eventos suceden esporádicamente y en fracciones de segundo.

De igual manera, un circuito de alto voltaje puede producir un arco de corriente similar en comportamiento a un relámpago, el cual no necesariamente requiere de un conductor por donde fluir. Por ende, la seguridad debe ser primero en todo diseño e instalación eléctrica para garantizar el uso adecuado de los recursos. A pesar que el trabajo eléctrico en una instalación fotovoltaica puede representar de un 15-20% solamente, es 110% imperativo hacerlo bien.

En este capítulo estaremos considerando los conductores de corriente y los sistemas de protección en nuestro sistema fotovoltaico. Recuerde que siempre debe consultar a un profesional debidamente cualificado en su localidad.

Conductores de corriente o cables

Los conductores son los cables por donde va a fluir la corriente eléctrica en nuestro sistema de energía renovable. Toda instalación eléctrica requiere conductores y no son escogidos al azar. Los conductores trasportan electrones y como todo diseño, deben tener la capacidad para hacerlo de forma segura y costo-eficiente.

En la sección de principios de electricidad vimos algunas características de los circuitos eléctricos. En esta sección, queremos aprender a escoger y utilizar conductores adecuados para formar nuestros circuitos.

Para entender mejor los cables eléctricos, pensemos en una manguera de agua.

No podemos transportar la misma cantidad de agua en una manga fina que por una ancha. De la misma manera en los conductores eléctricos. Los conductores eléctricos gruesos generalmente tienen mayor capacidad de cargar corriente que los finos, dependiendo del material y sus características.

La manguera de jardín no tiene la misma durabilidad o resistencia a la presión que una manguera de uso comercial o industrial, por el material del cual está construida. Similarmente con los conductores eléctricos, pues dependiendo el tipo de uso, es el cable que debe utilizar.

Algunos conductores son finos y otros gruesos, y respectivamente corresponde la corriente que puede fluir por ellos. Generalmente son de cobre o aluminio, pero utilizamos cobre por su mayor conductividad. Unos son rígidos y difíciles para trabajar, mientras otros son muy flexibles. De acuerdo a su cobertura algunos retardan el fuego, son resistentes a los rayos ultravioletas, al agua, aceite o a mayores temperaturas. De acuerdo a su construcción es la capacidad de flujo de corriente y resistencia al voltaje. Las características y clasificación están impresas en el exterior de la cubierta del conductor y el color define para que es utilizado. Es por eso que en esta sección pondremos principal atención a este tema, que aunque no representa el mayor costo en nuestros sistemas fotovoltaicos, es de vital importancia para la seguridad y cumplimiento con las regulaciones. *Una vez más, recuerde que debe consultar con un profesional debidamente cualificado para garantizar el uso adecuado de conductores eléc-*

tricos en su sistema o instalación.

¿De qué se componen los conductores?

Los conductores se componen de al menos tres partes.

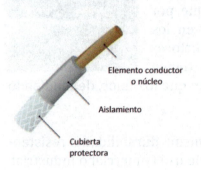

Elemento conductor o núcleo

Aislamiento

Cubierta protectora

① **Elemento conductor**, generalmente cobre y es por donde pasa la corriente. Puede ser rígido o flexible, de uno o más filamentos. Mientras más grueso, mayor su ampacidad o *capacidad de cargar amperios.* Mientras más filamentos tengan, más flexible será.

② **Capa de aislamiento**, material por el que no puede pasar la corriente eléctrica y que envuelve al elemento conductor. Normalmente suele ser de un material polímero, es decir de plástico. La función principal es mantener el flujo de los electrones dentro del núcleo. Es una barrera de seguridad para que usted no se electrocute si toca el conductor. Las capas de aislamiento más comunes son el Poli cloruro de Vinilo (PVC), el Caucho Etileno-Propileno (EPR) y el Polietileno Reticulado (XLPE). El tipo de conductor y grosor (*calibre*), dependerá del voltaje de trabajo, la corriente máxima continua, longitud, el lugar de instalación, la temperatura ambiente, los terminales y la temperatura de servicio del conductor.

④ **Cubierta protectora**, sirve para proteger mecánicamente al elemento conductor y al aislante de daños físicos y/o químicos: como el sol, el calor, la lluvia, el frío, raspaduras, golpes, etc. Se suelen construir de nilón, aunque no todos los conductores tienen está cubierta. En ocasiones el propio aislante hace las veces de aislante y cubierta protectora, como las cubiertas de goma. Los conductores son halados por conductos y expuestos a la fricción y abrasión. Es por eso que deben tener cubiertas que ayuden a proteger el cable de los daños mecánicos y a su vez permitan un fácil deslizamiento para hacer las instalaciones.

Clasificación de los conductores de corriente según el voltaje

La clasificación del voltaje según el código es la siguiente.

- Menor de 50 V   -Muy bajo voltaje o baja tensión.
- Menor de 1000 V   -Bajo voltaje o baja tensión.
- Menor de 30 kV   -Voltaje medio o media tensión.
- Menor de 66 kV   -Voltaje alto o alta tensión.
- Mayor de 770 kV   -Voltaje muy alto o muy alta tensión.

> La realidad es que cualquier voltaje sobre 120 VAC y sobre 48 VDC lo consideramos alto y peligroso. Por lo cual siempre utilice las más rigurosas medidas de protección.

Calibre del conductor de corriente

El calibre define el tamaño de la sección transversal del conductor. Es expresado bajo la normalización americana en *AWG* (*American Wire Gauge*). Puede estar expresado en mm² en otras

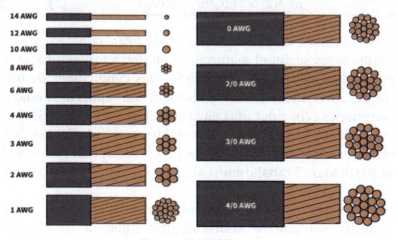

Fuente: CHEERS

localidades. Cuando se expresa en *AWG*, el más fino es 40, hasta el más grueso 4/0. Mientras más alto es el *AWG,* más pequeña es la sección transversal del conductor y menos corriente puede conducir. Para conductores con un área mayor del 4/0, se hace una designación en función de su área, denominada CM (circular mil). Para instalaciones residenciales típicas, generalmente utilizamos calibres desde 12 *AWG,* hasta 4/0 *AWG.*

Ampacidad

Ampacidad *es la corriente máxima continua que puede producir una fuente de energía o capacidad máxima de un conductor para transportar amperios.* Es definida por la ① corriente máxima del circuito, ② material del conductor, ③ aislamiento, ④ calibre, ⑤ la temperatura ambiente a la que se encuentre el conductor, ⑥ cantidad de conductores en conducto, ⑦ la temperatura de servicio del terminal a donde se conecte, ⑧ sección en circuito y ⑨ los factores de ajuste por condiciones de uso. La ampacidad es la capacidad de conducción continua de corriente bajo condiciones específicas.

> Un conductor o cortacorriente nunca debe exceder en uso continuo el 80% de su ampacidad o capacidad de trasportar corriente.

Existen tablas en el NEC® que especifican la ampacidad de los conductores según el material, su cubierta protectora, la temperatura de clasificación de servicio y las condiciones de uso. Los valores ofrecidos en estas tablas son solo aplicables bajo las características consideradas en la creación de la tabla. Si se sale de los parámetros bajo los cuales se hicieron los cálculos de las tablas, tiene que utilizar factores de corrección según sea el caso en particular. Trabajaremos algunos ejemplos más adelante.

Mientras más grueso es el conductor, más corriente este puede conducir sin que se sobrecaliente, sujeto a su clasificación.

Cuando el calor generado dentro del conductor excede la temperatura de servicio, el aislamiento que rodea el cable pudiera decolorarse, volverse quebradizo y finalmente puede fallar, con el potencial de crear un corto circuito y un fuego.

Estas tablas y valores podrían variar por versión de código vigente en la localización de la instalación, generalmente prevaleciendo la última versión sobre las anteriores.

Parte de la Tabla 310.16 para conductores de cobre con los calibres más utilizados en sistemas de energía residencial es mostrada a continuación. En la columna de la izquierda tiene el calibre de los conductores. Hay tres secciones o columnas de *clasificación por temperatura de servicio del conductor*. Cada columna

	Temperature Rating of Conduct		
	60°C – (140°F)	75°C – (167°F)	90°C – (194°F)
	Types TW, UF	Types RHW, THHW, THW, THWN, XHHW, USE, ZW	Types TBS, SA, SIS, FEP, FEPB, MI, RHH, RHW-2, THHN, THHW, THW-2, THWN-2, USE-2, XHH, XHHW, XHHW-2, ZW-2
Size AWG or kcmil		COPPER	
18	—	—	14
16	—	—	18
14*	20	20	25
12*	25	25	30
10*	30	35	40
8	40	50	55
6	55	65	75
4	70	85	95
3	85	100	110
2	95	115	130
1	110	130	150
1/0	125	150	170
2/0	145	175	195
3/0	165	200	225
4/0	195	230	260

Una parte de la Tabla 310.16 NEC®

muestra distintas clasificaciones de conductores de acuerdo a su cobertura aislante.

En el centro de la tabla muestra la ampacidad del conductor en base a su calibre, temperatura de servicio y clasificación por cubierta protectora a una temperatura ambiente de 86ºF solamente y menos de tres conductores por conducto.

En la Tabla 310.16 puede observar que en la fila de conductor de calibre 10 AWG, hay diferentes ampacidades según es el tipo de cable y clasificación de temperatura de servicio. La clasificación de temperatura y la nomenclatura del tipo de cable son determinadas según la capa de aislamiento y cubierta protectora.

Fíjese en la tabla que un conductor **TW** 10 *AWG* y uno **USE-2** 10 *AWG*, a pesar que ambos son de cobre y tienen la misma área del elemento conductor, tienen diferentes ampacidades. El **TW** 10 *AWG* tiene una ampacidad de 30 A y el **USE-2** 10 *AWG* tiene una ampacidad de 40 A cuando se utilizan a una temperatura ambiente de 86ºF. *¿Por qué uno tiene más ampacidad que el otro?* Simplemente por su capa de aislamiento.

El código de electricidad NEC®, ofrece la tabla de ampacidad 310.16 para conductores con aislamiento y <u>solo aplica</u> a tres o menos conductores de corriente por conducto, a una temperatura ambiente de 86ºF y voltaje de 0-2000V.

Por conveniencia y simpleza en cálculos e instalación, nos limitamos a utilizar conductores con una clasificación de temperatura de 90ºC.

Para entenderlo mejor, tomando una mues-  tra al azar, en la primera columna podemos observar el cable UF (*Underground feeder*). El mismo es para uso en cableado residen- cial, como circuitos derivados para enchufes, interruptores y otras cargas. Se utiliza tanto para trabajos ex- puestos como ocultos en lugares normalmente secos que no es- tén sujetos a humedad excesiva, excepto en los casos prohibidos por NEC®. Para UF, la ampacidad permitida no debe exceder la de un conductor clasificado a 60° C, de acuerdo con la tabla 310.16 del NEC®.

 Los acrónimos de los conductores denominan al tipo de cable, por ende el tipo de uso y su ampa- cidad de acuerdo al calibre. En la cubierta de los conductores debe indicar las características del mismo. En este ejemplo dice TYPE UF 12/2, in- dicando que es un cable UF con 2 conductores de corriente calibre 12 *AWG*, 600 V máximo y cable tierra sin cu- bierta. Viene de más conductores y diferentes calibres, pero allí la idea.

Hablar de todos los tipos de cables y sus usos sería tarea muy extensa y compleja para el propósito de este libro. Queremos enfocarnos en los tipos de conductores más utilizados para instalaciones de energía fotovoltaica resi- dencial.

Peligro
No debe utilizar los con- ductores en instalaciones para los cuales no están diseñados y aprobados.

Para esos propósitos, nos limitaremos al uso típico de conductores de fácil acceso en las tiendas locales y que sean costo-eficientes para nuestro presu- puesto. Debe verificar el cumplimiento con los códigos que regu- len en la localización de su instalación.

¿Qué condiciones de uso debo considerar que afectan los cálculos de ampacidad y obligan a aumentar el calibre de los conductores?

① Clasificación de temperatura de los terminales a donde conectan los conductores. Se utiliza la clasificación menor entre el conductor y los terminales. Digamos que utiliza un conductor con clasificación de 90ºC y va conectado a un cortacorriente con clasificación de 75ºC. Tendría que reducir la clasificación del conductor de 90ºC a 75ºC.

Temperatura ambiente - es la temperatura ambiente de cada tramo individual donde está instalado el conductor de corriente. Si es diferente a 86ºF se utiliza la Tabla 310.15(B)(1) NEC® para buscar los factores de corrección por temperatura.

Table 310.15(B)(1) Ambient Temperature Correction Factors Based on 30°C (86°F)

For ambient temperatures other than 30°C (86°F), multiply the ampacities specified in the ampacity tables by the appropriate correction factor shown below.

Ambient Temperature (°C)	Temperature Rating of Conductor			Ambient Temperature (°F)
	60°C	75°C	90°C	
10 or less	1.29	1.20	1.15	50 or less
11—15	1.22	1.15	1.12	51—59
16—20	1.15	1.11	1.08	60—68
21—25	1.08	1.05	1.04	69—77
26—30	1.00	1.00	1.00	78—86
31—35	0.91	0.94	0.96	87—95
36—40	0.82	0.88	0.91	96—104
41—45	0.71	0.82	0.87	105—113
46—50	0.58	0.75	0.82	114—122
51—55	0.41	0.67	0.76	123—131
56—60	—	0.58	0.71	132—140
61—65	—	0.47	0.65	141—149
66—70	—	0.33	0.58	150—158
71—75	—	—	0.50	159—167
76—80	—	—	0.41	168—176
81—85	—	—	0.29	177—185

② Cantidad de conductores de corriente en conducto - mientras más conductores haya en conducto, más caliente va a estar allí adentro por el apiñamiento. Si hay más de tres conductores de corriente por conducto, tiene que ajustar la ampacidad de la Tabla 310.16 con los valores de la Tabla 310.15(C)(1). El cable de puesta a tierra no es conductor de corriente continua, por lo cual no cuenta para factor de ajuste por apiñamiento. El cable de puesta a tierra es realmente un conductor para casos de emergencia por si algo sale mal en el circuito.

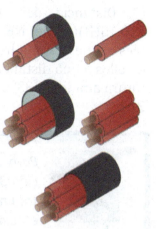

Table 310.15(C)(1) Adjustment Factors for More Than Three Current-Carrying Conductors	
Number of Conductors*	Percent of Values in Table 310.16 Through Table 310.19 as Adjusted for Ambient Temperature if Necessary
4—6	80
7—9	70
10—20	50
21—30	45
31—40	40
41 and above	35

 Para no tener que aplicar el factor de corrección por apiñamiento, evite utilizar más de tres conductores de corriente por conducto. El cable de puesta a tierra no es un conductor de corriente.

③ Distancia del conducto sobre el techo – la sección 310.15(B)(2) del NEC® 2020 establece que los conductos o cables expuestos a la luz solar directa en los tejados o por encima de ellos a una distancia inferior a 7 / 8 in, se añadirá a la temperatura ambiente 33°C (60°F), con la excepción de cables XHHW-2.

Para evitar trabajar con este ajuste de la Sección 310.15(B)(2) del NEC® , instale los conductos en el techo sobre bases que los eleven sobre el tejado más de una pulgada. Hay gran variedad disponible en el mercado.

④ Utilice tramos cortos para mantener las caídas de voltaje, *voltage drop*, por debajo del 2%.

Una cosa es determinar la <u>ampacidad necesaria</u> de un conductor a base de las características particulares del circuito y otra cosa es determinar el <u>conductor necesario</u> a base de la ampacidad requerida en un circuito. ¡O sea, no es lo mismo determinar cuanta capacidad tiene, que cuanta capacidad necesito que tenga! A pesar de que no es lo mismo y los procedimientos son distintos, están relacionados entre sí.

-Ejemplo de cálculo de ampacidad de un conductor con ajustes por condiciones de uso.

Datos:

-conductor 10 AWG THWN-2 entre el arreglo fotovoltaico y el controlador de carga.

-conectado a unos terminales de equipo o cortacorrientes típicos con clasificación de 75ºC.
-Temperatura ambiente es 96ºF.

-4 conductores de corriente por conducto y depositado sobre el techo sin separación de la torta.

① **Ampacidad del conductor limitada por los terminales.** Debido a la clasificación de temperatura del terminal a donde va conectado el conductor, tendríamos que limitarnos a utilizar la ampacidad de la columna de 75ºC para un conductor de calibre 10 *AWG* en la Tabla 310.16, la cual es **35 A**, aunque se recomienda utilizar conductores con clasificación de 90ºC.

② **Temperatura ambiente ajustada por conducto depositado directamente sobre el techo.** La temperatura ambiente es 96ºF. Debido a que el conducto no está separado al menos 7/8" sobre el techo, tenemos que sumar 60ºF a la temperatura ambiente.

> Temperatura Ambiente Ajustada = 96ºF + 60ºF= 156ºF

③ **Factor de corrección por temperatura de servicio.** Con la temperatura ambiente ajustada a 156ºF y la temperatura de clasificación por terminal de 75ºC, buscamos el factor de corrección por temperatura en la Tabla 310.15(B)(1) del NEC®.

| 66—70 | — | 0.33 | 0.58 | 150—158 |

Para el rango entre 150ºF-158ºF el factor de ajuste por temperatura para conductores utilizados con clasificación de 75ºC (*en este caso limitado por el terminal*) es 0.33 o 33%.

Entonces tendríamos:

> Ampacidad por T$_{ambiente\ ajustada\ 156ºF}$ = 35 A x (0.33) = 11.55 A

④ **Factor de corrección por apiñamiento.** Por tener 4 conductores de corriente en un mismo conducto, debemos buscar el factor de corrección en la Tabla 310.15(C)(1). Para 4-6 conductores de corriente en conducto, el factor de corrección es 0.80.

Tendríamos:

> **Ampacidad ajustada por apiñamiento**
> **= 11.55 A x 0.80 = 9.24 A**

Debemos entender lo que está sucediendo. Este conductor THWN-2 de calibre 10 *AWG* tiene una cubierta que lo clasifica para uso a 90ºC y una ampacidad de 40 A a una temperatura ambiente de 86ºF y no más de tres conductores por conducto. En este ejemplo, debido a que el terminal a donde va conectado tiene una clasificación de 75ºC, tenemos que utilizar la ampacidad limitada por el terminal, que es 35 A a una temperatura ambiente de 86ºF. Debido a que está en conducto directamente sobre la torta, hay que añadir 60ºF a la temperatura ambiente y reducir la ampacidad según el factor de corrección. Porque hay 4 conductores en conducto, me limita la ampacidad ajustada a un 80%. De 40 A baja a 9.24 A su ampacidad.

Esto es un ejemplo de una instalación en condiciones no favorables. Y tristemente, este tipo de escenario lo vemos regularmente en campo con conductores llevados al límite y representando grave riesgo a la vida y propiedad.

> *En el ejemplo anterior, a temperatura ambiente de 86ºF, conductor THWN-2 de calibre 10 AWG con los mismos terminales de 75ºC, tres conductores por conducto y separado más de 7/8" del techo, la ampacidad es 35 A.*

Es preferible instalar conductores con clasificación de 90ºC (Ej. THWN-2) en tramos a temperatura ambiente, no más de tres conductores de corriente por conducto, utilizar terminales con clasificación de 90ºC cuando sea posible y los conductos separados al menos 7/8" sobre el techo. Esto sin olvidar hacer tramos cortos, especialmente en corriente DC, para evitar aumentar el calibre debido a caída de voltaje.

¿Hay conductores AC y DC?

Ciertamente pareciera que por haber dos tipos de corrientes, hay clasificaciones de conductores exclusivos para cada una de ellas. Probablemente la industria debe ser más trasparente en estos asuntos.

Cable típico para DC

Cable típico para AC

La verdad es que aunque AC y DC son dos corrientes que se comportan muy distinto, no deja de ser un flujo de electrones empujado por un voltaje y para transportarlos lo que necesitamos es un material conductor con la ampacidad adecuada y ese elemento conductor favorecido es el cobre.

Hay cierta preferencia en uso de ciertos tipos de conductores de acuerdo al tipo de corriente. Pero los requerimientos de código, accesibilidad en mercado, precios y flexibilidad, dominan. Para el arreglo fotovoltaico necesitamos un tipo de cable que resista la exposición a los rayos ultravioletas, a las inclemencias del tiempo y las altas temperaturas que se generan en los paneles fotovoltaicos.

Para propósitos de simplificación, con ayuda de la ilustración a continuación, vamos a mostrar los tipos de cable utilizados con mayor regularidad en los diferentes tramos. No podemos olvidar que es muy importante mantener los tramos de corriente DC lo más cortos posible para reducir las pérdidas de corriente.

Eficiencia de los conductores de corriente

 A pesar que es un tema poco discutido en el diseño e instalación de nuestros sistemas fotovoltaicos, los conductores disipan algo de energía por calor, aun cuando están bien diseñados y escogidos de acuerdo al sistema, condiciones

de uso y localización. Considerando que se cumplen con los parámetros de diseño del código NEC®, es típico utilizar una eficiencia de conductores de 98%.

Siempre que hay un flujo de corriente por un conductor, lo que
pasan son electrones a través de un elemento, generalmente cobre o aluminio. Al paso de esos electrones se crea fricción y calor. Calor en sistemas eléctricos significa consumo de energía o
pérdidas. Por eso, a mayor corriente, mayor calibre de conductor es requerido para minimizar la fricción y pérdidas por calor.

Determinar el calibre de los conductores y cortacorrientes

Es de vital importancia utilizar conductores adecuados de acuerdo a los requerimientos del código NEC®, tanto para segu-
ridad como para que la instalación pase
inspección. Escoger los conductores y cortacorrientes es una
tarea algo complicada cuando no se tiene experiencia en ello.
Una vez se practica un poco, no es tan complicado como parece
inicialmente. Recuerde que puede representar un peligro inmi-
nente no escoger adecuadamente.

> Como regla general, en caso de duda, escoja un calibre
> de conductor más grueso al sugerido.

En los sistemas de energía renovable generalmente se utilizan
conductores de cobre y cortacorrientes de acuerdo al tramo de
circuito y tipo de corriente. Por más grande que sea el calibre
del conductor, siempre va a haber alguna pérdida de voltaje en el
circuito, pues el cable siempre ofrece alguna resistencia al paso
de los electrones o flujo de corriente. El otro componente que
afecta la capacidad de los cables a cargar corriente es
la temperatura.

Para determinar el efecto de la temperatura en un
conductor debemos entender que siempre que pasa

una corriente por un cable, debido a la resistencia del mismo, va a calentarse. Eso es un proceso normal, pero hay otras razones que afectan la temperatura que debemos evitar de ser posible o tener en cuenta en nuestros cálculos de ampacidad y se llaman *las condiciones de uso*.

Estas *condiciones de uso* tienen que ver con el efecto de la temperatura sobre el conductor, pues mientras más se caliente por las condiciones externas o de instalación, menos capacidad tendrá el conductor para cargar corriente. Expresado de forma sencilla, mientras más largo sea y más caliente el ambiente donde esté instalado el conductor, menos corriente puede transportar de forma segura.

·En las condiciones de uso consideramos y repasamos lo siguiente:

① La temperatura ambiente máxima que pueda ocurrir en la instalación. Mantenga los conductores en una temperatura ambiente fresca < 30ºC (86ºF) y así evitar tener que degradar la ampacidad en los cálculos.

② Si tiene más de tres conductores en conducto, requiere el uso de la Tabla 310.15(C)(1) para los factores de corrección de la ampacidad obtenida en la Tabla 310.16.

③ Tramo donde están instalados los conductores, pues cambia la forma de calcular la ampacidad de acuerdo al tramo. Un tramo es el circuito fotovoltaico hasta el controlador, donde aplica el factor de 1.25 por sobre-irradiación y el otro tramo es a partir del controlador de carga donde no aplica el factor por sobre-irradiación. Lo consideramos en un ejemplo más adelante.

④ Si el arreglo está instalado en el techo, los conductos deben estar separados al menos 7/8" sobre la torta, pues recuerde que el techo es como una gran plancha de hacer sándwiches que se pone a millón. De lo contrario, se tiene que sumar 60ºF a la temperatura ambiente máxima.

⑤ Los conectores o terminales donde está conectado el conductor. En energía renovable a nivel residencial, prácticamente todos los conectores de los equipos, terminales, cortacorrientes, interruptores y bus bars tienen una clasificación de 75ºC. Debido a esto, debe utilizar la columna de ampacidad de 75ºC. Si no tiene este detalle de los terminales, lamentablemente deberá asumir el peor escenario y considerar los terminales con una clasificación de 60ºC.

⑥ La longitud del conductor. Mientras más corto el tramo MEJOR. A mayor longitud del conductor, mayor pérdida de voltaje. Debemos verificar que la pérdida de voltaje sea menor a un 2% para nuestros sistemas fotovoltaicos desconectados de la red y 1.5% para sistemas conectados a la red. A pesar que estos cálculos deben practicarlos personas debidamente cualificadas, hemos visto e identificado un desconocimiento mayor en instaladores en esta área, que lleva a instalaciones que tienen que ser corregidas para el cumplimiento de seguridad del NEC®. Tenga cuidado cuando contrata a una compañía o el servicio de un profesional. Es bueno saber sobre este tema para poder identificar posibles errores de instalación en su sistema fotovoltaico.

Vamos a compartir una forma sistemática simplificada para hacer los cálculos, para cumplir con las determinaciones del NEC® y la seguridad, aunque esto signifique calibres mayores a los que probablemente calcule un profesional debidamente cualificado para instalaciones industriales.

> En resumen, para determinar el calibre, hacemos dos procedimientos. ① Determinamos la ampacidad (capacidad del conductor de cargar amperios o corriente). Entonces hacemos los ajustes necesarios según NEC® para las condiciones de uso. ② Una vez conocemos la longitud del tramo o del conductor, verificamos que cumpla con los parámetros de pérdida o caída de voltaje. Finalmente escogemos el calibre mayor entre ambos cálculos.

Secciones de un arreglo fotovoltaico desconectado y cálculos de corriente continua máxima o ampacidad sin ajustes por condiciones de uso

① PV- WIRE, USE-2 o RHW-2   ② THWN-2, THHN o THW

⑤ THWN, THWN-2 o THHN   ④ WELDING CABLE   ③

Hay dos secciones o divisiones principales en un circuito fotovoltaico desconectado que tenemos que tener muy claras para poder hacer los cálculos de [18]ampacidad, pues varía.

La primera sección, es el circuito fotovoltaico *(PV Circuit)* que se compone desde los paneles hasta el controlador. En la ilustración se compone del tramo ① y ②. Desde los paneles fotovoltaicos hasta el controlador está sujeto a [19]**sobre-irradiación.** Al calcular la ampacidad en estos tramos debemos añadir un factor de 1.25 a la corriente continua máxima del circuito, pues puede aumentar la irradiación solar y crear aumento en la corriente hasta el controlador. Y los conductores tienen que tener la capacidad de transportar esta corriente de forma segura y eficiente, y el equipo manejarla.

---

[18] Corriente continua máxima que puede producir una fuente de energía o capacidad máxima de un conductor para transportar amperios.

[19] Se trata en la sección de Principios Básicos de Electricidad.

O sea, según la ilustración, para los tramos ① y ② desde el arreglo fotovoltaico hasta el controlador de carga, la ampacidad es:

$$\textit{Corriente continua máxima } (A)$$
$$= (Isc)x\ (1.25\ \textit{sobre-irradiación})x\ (1.25\ \textit{por uso continuo})$$

Los *Pro* de la industria utilizan la fórmula simplificada de

$$\textit{Corriente continua máxima } (A) = (Isc)x\ (1.56)$$

Donde *Isc* es la corriente de corto circuito del arreglo fotovoltaico y 1.56 es el producto de 1.25 x 1.25 de los factores combinados.

En el tramo ① cada serie está conectada a un cortacorrientes en la caja de combinación. En el tramo ② estas series salen combinadas hacia el controlador de carga.

La segunda sección es parte del circuito no fotovoltaico *(Non-PV Circuit)* a partir del tramo ③, desde el controlador en adelante. En la ilustración, se compone de los tramos del ③ al ⑤. Después del controlador de carga no hay fluctuaciones de corriente debido al fenómeno de sobre-irradiación.

Por lo tanto, a partir del controlador de carga la corriente continua se calcula de la siguiente manera:

$$\textit{Corriente continua } (A) = (Isc)x\ (1.25\ \textit{por uso continuo})$$

OJO: En esta ocasión estamos calculando la **ampacidad en el circuito** para escoger un conductor. Anteriormente hicimos los cálculos de la **ampacidad de un conductor** para determinar cuanta corriente puede trasportar de forma segura en un circuito.

-Ejemplo para determinar la ampacidad en el circuito

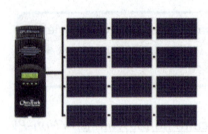

Consideremos un arreglo fotovoltaico de 12 paneles Qcell de 355 W conectados a un controlador Outback 80 150V. Tenemos tres paneles por serie y cuatro series en paralelo. Temperatura ambiente es 86ºF, tres conductores de corriente por conducto y el conducto separado más de 7/8" sobre el techo.

Lo primero que tenemos que identificar es que la sección que estamos considerando es el [20]circuito fotovoltaico. Por lo tanto hay sobre-irradiación.

$$\text{Corriente continua máxima } (A)$$
$$= (Isc)x \, (1.25 \; sobre\text{-}irradiación)x \, (1.25 \; por \; uso \; continuo)$$

---

[20] Desde el arreglo fotovoltaico hasta el controlador de carga.

Hemos aprendido que la corriente de corto circuito I_{SC} está suministrada en la etiqueta del panel fotovoltaico. En la sección de circuitos eléctricos vimos que en paralelo la corriente se suma. En este ejemplo tenemos 4 series en

Q.PEAK DUO-G8 355		
PERFORMANCE AT STARNDAD TEST CONDITIONS*		
Nominal Power	(P_{MPP})	355 W
Short circuit current	(I_{SC})	10.79 A
Open Circuit Voltage	(V_{OC})	40.95 V
Current at Max. Power	(I_{MPP})	10.28 A
Voltage at Max. Power	(V_{MPP})	34.55 V

paralelo, por lo tanto tenemos 4 veces la corriente máxima o I_{SC}.

$$Corriente\ continua\ máxima(A)$$
$$= 10.79\ A\ x\ 4\ x\ 1.56\ =\ 67.32\ A$$

Esta es la *corriente continua máxima* del circuito fotovoltaico que utilizamos para hacer el cálculo de la ampacidad de los conductores y cortacorrientes desde los paneles hasta el controlador, tramos ① y ② de la ilustración.

Por lo tanto, para la corriente combinada de las cuatro series requiere un cortacorriente mayor a 67.32 A pero lo más cercano, posiblemente 80 A, que es la corriente límite de entrada del controlador en el ejemplo. El conductor tiene que tener una ampacidad mayor al cortacorriente, en este caso > 80 A. Siendo que las *condiciones de uso* cumplen con la Tabla 310.16, podemos escoger un conductor directamente sin factores de corrección. De la tabla 310.16 puede escoger un conductor calibre 4 *AWG* con ampacidad de 85 A en clasificación de 75ºC por los terminales del equipo.

En el capítulo 11 hacemos un ejemplo completo con los cálculos para determinar los calibres de conductores necesarios en todos los tramos.

Desde los paneles fotovoltaicos hasta la caja de combinación DC ubicada en el techo, lo más cerca posible al arreglo solar, utilizamos cable *PV-WIRE* preferiblemente. También puede utilizar *USE-2* o *RHW-2*. A quienes utilizan RHH también.

PV-WIRE o *Photovoltaic Wire*, es un cable requerido para inversores sin transformador, sin conexión a tierra. Ideal para utilizarlo en todo sistema fotovoltaico. Tienen doble cobertura y son más gruesos que los demás. Resistentes a abrasión, altas temperaturas y a rayos UV. De uso expuesto, enterramiento directo o uso en conducto y viene en versiones de hasta 2,000 V. El aislamiento es más grueso, es muy flexible, de alta ampacidad, aunque es un poco más costoso que los demás.

USE-2 o *Undergroung Service Entrance.* Este tipo de cable es utilizado regularmente en los paneles fotovoltaicos de fábrica. Son adecuados para su instalación en conductos, enterramientos directos e instalaciones aéreas de acuerdo con el *NEC®* y otras aplicaciones de cableado de uso general. Resistentes a abrasión, altas temperaturas y a rayos UV. Voltaje máximo típico de 600 V.

RHW-2 o *Rubber High Heat Water Resistant.* Estos cables se pueden utilizar en exteriores, en condiciones húmedas y son resistentes a los rayos UV. Es adecuado para la mayoría de las soluciones actuales de cableado eléctrico o de iluminación industrial y de enterramiento directo. Es utiliza-

do en conductos aprobados, especialmente aquellos donde se necesita una mejor tenacidad de aislamiento y resistencia a la humedad y al calor. Viene en versiones de hasta 2,000 V.

En los tramos ② y ③, desde la caja de combinación en el techo hasta las baterías, podemos utilizar conductores del mismo tipo que en el tramo ①. De lo contrario, puede utilizar cables más económicos como THWN-2, THHN o THW, siendo mejor THWN-2.

 **TWHN-2** o *Thermoplastic High Temperature Nylon.* Son utilizados para circuitos de fuerza y alumbrado en instalaciones industriales, comerciales y residenciales. Resistentes a la abrasión, rayos UV y para usarse en zonas abrasivas o contaminadas con aceites, grasas, gasolinas y otras sustancias químicas corrosivas como pinturas o solventes, tal como se especifica en el NEC®. En versión típica de hasta 600 V.

> Los tipos de cables designados con el sufijo **2**, como THWN-2, podrán utilizarse a una temperatura de funcionamiento continua de 90 ° C (194 ° F), húmeda o seca.

En el tramo ④, desde las baterías hasta el inversor, cambia la cosa. Hay que prestarle principal atención a este tramo, ya que el inversor requiere mucha potencia de las baterías al bajo voltaje del banco y esto produce altas corrien-  tes DC que los cables tienen que resistir. Seguramente usted a *jumpeado* una batería de auto y ha notado lo grueso que son los cables. Es porque el voltaje es bajo, pero las corrientes son muy altas.

Aunque puede utilizar los cables de las secciones anteriores, se prefieren los cables de máquinas de soldar. Los cables gruesos THWN-2, RHW-2, THW-2, USE-2, THHN y los cables de batería son muy rígidos y difíciles para instalar. Preferimos el uso de los cables de soldar o *welding cables.*

Welding Cables – los cables de soldar son bien flexibles y de alta ampacidad. Manufactureros americanos como TEMCo producen cables de primer orden que cumplen con todas las regulaciones correspondientes según código. TEMCo Easy-Flex tiene una cobertura de [21]EPDM resistente y es muy flexible. Resistente a cortes, desgarres, abrasión, agua, aceite, grasa y llamas.

Conductor THWN-2 calibre 2/0 vs un TEMCo Easy-Flex 2/0 para las baterías

THWN-2

TEMCo Easy-Flex

El cable THWN-2 calibre 2/0 tiene una ampacidad de 195 A a temperatura ambiente de 86ºF, mientras que el cable TEMCo Easy-Flex 2/0 tiene una ampacidad de 325 A, un 60% mayor. El Easy Flex 2/0 se compone de 1196 filamentos de cobre calibre 30, muy finos. Mientras que el THWN-2 tiene 19 filamentos. Ambos calificados para 600 V.

Para ponerlo en perspectiva, aun duplicando el grosor de un THWN-2 a calibre 4/0, este tiene una ampacidad de 260 A, la cual no le llega a un TEMCo Easy-Flex 2/0 cuya ampacidad es 325 A. Por todos los beneficios mencionados y la flexibilidad del cable, es generalmente preferido los cables TEMCo Easy-Flex de soldar o similares. Vienen en rojo y en negro, para parearlos con la polaridad de las baterías. Hay otras marcas disponibles con características análogas, como los que distribuye Windy Nation. Solo debe comparar y hacer una buena selección a base de la ampacidad.

En el tramo ⑤ a partir del inversor, la corriente es AC y podemos utilizar los cables típicos residenciales, como lo son THHN. Claro, si ha instalado el resto del sistema y tiene sobrante de cable THWN-2 disponible, mantenga el mismo, pues es mejor. Mu-

---

[21] Revestimiento de aislamiento de *Ethylene Propylene Diene Monomer* para altas temperaturas.

chos instaladores prefieren el cable THHN para todos los tramos donde lo pueda utilizar, por su bajo costo y fácil disponibilidad. Pero recuerde que el THWN-2 es resistente a la humedad, mayor temperatura y es mejor conductor.

Más adelante estaremos haciendo los cálculos de ampacidad para calcular los conductores apropiados de acuerdo a las corrientes máximas en la instalación.

¿Cómo limitamos la corriente eléctrica en un circuito?

¿Cómo evitamos que por alguna razón ajena al diseño se exceda el uso de corriente en el circuito o se sobrepase la ampacidad de los conductores y se quemen? ¿Cómo limitamos el flujo de corriente? ¿Qué pasaría si algún usuario decide conectar equipos con mayor amperaje al de diseño del circuito?

Cuando decimos que estamos limitando los amperios o el flujo de corriente en un circuito o en los conductores, simplemente queremos decir que estamos limitando la capacidad del dispositivo de cortacorriente o disyuntivo, *el breaker*. El mismo se ocupará de abrir automáticamente el circuito y no permitir el uso de corrientes mayores a las de diseño o capacidad de los conductores.

Hay cortacorrientes polarizados y no polarizados. El breaker DC de la derecha marca Midnite, es polarizado. En su conexión inferior tiene dos signos ++ donde la compañía establece que se debe conectar el lado de mayor potencia del circuito al que está conectado. De ser utilizado entre el arreglo fotovoltaico y el controlador, el conductor positivo del arreglo va conectado abajo y sale de arriba hacia el controlador. De ser conectado entre el controlador de carga y el banco de baterías, el conductor positivo que va hacia las baterías va conectado abajo. Esto se debe al diseño del cortacorriente y hay que respetar esta polaridad para que funcione según delineado. No olvide leer las instrucciones del manufacturero, en caso de que modifiquen los tipos de cortacorriente que producen.

Protectores de sobre corriente, cortacorriente o breakers

Si el circuito eléctrico utiliza conductores finos, 18 AWG a 10 AWG, el NEC® limita el tamaño de los protectores de sobre corriente que puede conectar a esos conductores, independientemente de la ampacidad de los mismos, según parámetros establecidos en el Articulo 240.4(D).

Por ejemplo, para conductores 12 AWG de cobre, el cortacorriente o *breaker* máximo que se le puede conectar es de 20 A. Para los conductores 10 AWG de cobre el cortacorriente máximo que se le puede conectar es de 30 A, independientemente si el conductor tiene una ampacidad de 40 A. Más detalles en la sección correspondiente del NEC®.

Los manufactureros de paneles fotovoltaicos e inversores están en la obligación de especificar el [22]cortacorrientes máximo que pueden instalar para sus paneles.

Las series de paneles fotovoltaicos en sistemas desconectados de la red (*off grid*), requieren tener un cortacorrientes cada una, mientras que en sistemas conectados a la red es posible instalar dos series por cortacorrientes cuando cumple con los parámetros del Articulo 690.9 del NEC®, aunque un cortacorrientes por cada serie es mejor.

---

[22] Series Fuse Rating.

Puesta a tierra o ground

Hay libros enteros dedicados a este tema. Por razones de seguridad es necesario resaltar en esta sección la importancia de la conexión de ciertas partes de un sistema eléctrico a la tierra. Los defectos de instalación, daños por animales o las fallas eléctricas pueden hacer que las partes metálicas de un arreglo fotovoltaico se electrifiquen, lo que presenta riesgos de descarga eléctrica al tocarlos.

¡Es mejor que una descarga eléctrica no planificada se vaya a tierra y no totalmente a nosotros, verdad!

La sección 690.47(A) del NEC® establece que los conductores de puesta a tierra de los equipos de matriz fotovoltaica se conectarán al sistema de electrodos de puesta a tierra del edificio. No instalamos una varilla de puesta a tierra adicional, salvo determinado por un profesional cualificado. De hecho, según organizaciones y expertos en este tema, es muy peligroso tener más de una varilla de puesta a tierra en una misma instalación, pues en caso de un relámpago o circunstancias similares, puede producirse un cambio en potencial entre una varilla a tierra a otra e inducir una corriente que fluya hacia las facilidades en ruta a la otra varilla de puesta a tierra. ¡Y eso es muy peligroso! En los casos donde se instalan más de una varilla de puesta a tierra, para evitar el cambio en potencial entre una y otra, generalmente se conectan entre sí con un conductor (*bonding*).

Los sistemas de puesta a tierra reducen el riesgo de electrocución al dirigir de manera segura las corrientes de falla a tierra. Es necesario aplicar la conexión a tierra a los marcos de los paneles solares, los sistemas de montaje, el controlador de carga, el inversor, las cajas de conexiones, los conductos metálicos y cualquier otra pieza de metal.

La conexión a tierra de los marcos de los paneles solares anodizados generalmente requiere de clips de conexión para establecer la continuidad eléctrica entre los marcos de los paneles solares y el sistema

de montaje.

Luego, el sistema de montaje se conecta a tierra a través del punto de conexión a tierra determinado en el sistema de anclaje. Esto crea una conexión a tierra efectiva tanto para los paneles solares como

para los sistemas de montaje. Para el resto del equipo no necesitamos estos clips de conexión a tierra.

Los requisitos de conexión a tierra y los tamaños de cable recomendados generalmente se indican en los manuales y hojas de datos de los equipos y deben cumplir con las disposiciones de código vigente. Para hogares, los sistemas de puesta a tierra consisten en cable verde o sin cubierta, típicamente 6 AWG, que bien puede ser tipo THHN o THW y están conectados hasta la varilla de puesta a tierra ya instalada en la residencia.

Consulte con un electricista debidamente cualificado para que le ayude a determinar el calibre del conductor y los puntos de conexión necesarios según la instalación. Para los sistemas solares móviles, los cables de puesta a tierra simplemente se conectan al chasis del vehículo.

*¡Siempre hay que hacer la conexión
a tierra, siempre!*

Caída de voltaje o voltage drop

La caída de voltaje en un circuito no se puede ignorar, especialmente en circuito de corriente directa. El NEC® requiere que el calibre de los conductores trasporten la corriente de forma segura desde la fuente hasta la carga, pero no dicta que se haga de forma eficiente. En cualquier conductor va a presentarse alguna magnitud de caída de voltaje, especialmente en tramos largos.

La caída de voltaje es mayor en conductos metálicos que en los no metálicos como el PVC, debido a la interacción del campo magnético inducido por el flujo de la corriente que va por el conductor y el metal de los conductos. Con el objetivo de mantener las caídas de voltaje por debajo de un 2%, trabajaremos esta sección a continuación. Esta verificación de caída de voltaje se puede hacer con una variedad de fórmulas y diversas unidades. Para propósitos de simplicidad y consistencia, utilizaremos la fórmula que contiene el factor K de resistencia según el material del conductor.

Para circuitos de una fase:

$$Caída\ de\ voltaje\ (V)\ = \frac{(2)(K)(I)(L)}{(Circular\ Mils)}$$

Para circuitos de tres fases sustituir el 2 de la ecuación por 1.732.

Dónde:

❖ K = el factor constante de resistencia. Para conductores de cobre es 12.9 y para aluminio 21.2. Es aplicable a conductores no laminados (*uncoated*) operando a una temperatura de 75ºC / 167ºF.

❖ I = Corriente

❖ L = Longitud del conductor

❖ Circular mils- área en milímetros circulares según calibre del conductor. Tabla 8 del capítulo 9 del NEC®.

¿De dónde sale el factor de resistencia K?

Este factor se obtiene de la multiplicación de la resistencia del conductor por pie multiplicado por los CM o *circular mils*. **Ejemplo**:

Para cobre trenzado, conductor de calibre 10 AWG, temperatura de 75ºC / 167ºF, la resistencia es 1.24 Ω/kft y tiene un área de 10,380 *circular mils*.

$$K = \frac{resistencia(\frac{\Omega}{\text{kft}})\times CM}{1000} = \frac{1.24 \times 10,380}{1000} = 12.87$$

Es un valor similar para todos los calibres de cobre, 12.9. De igual manera para los conductores de aluminio el resultado es 21.2.

Porción de Tabla 8 del Capítulo 9 del NEC®*

AWG	Área		Cobre Trenzado
	mm^2	Circular Mils	Ω/kft
10	5.261	10380	1.24
8	8.367	16510	0.778
6	13.30	26240	0.491
4	21.15	41740	0.308
3	26.67	52620	0.245
2	33.62	66360	0.194
1	42.41	83690	0.154
1/0	53.49	105600	0.122
2/0	67.43	133100	0.0967
3/0	85.01	167800	0.0766
4/0	107.2	211600	0.0608

Resistencia del Conductor en Ω/kft

Para determinar el porciento de caída de voltaje:

$$\% \ Ca\acute{i}da\ de\ voltaje \ = \frac{Ca\acute{i}da\ de\ voltaje\ (V)}{Voltaje} x100$$

-Ejemplo de cálculo de caída de voltaje de un conductor

Tenemos un conductor de cobre calibre 8 AWG que va desde los paneles fotovoltaicos hasta el controlador a una distancia de 100 ft y transporta una corriente de 40 A a un voltaje de 115 V. ¿Cuál es el porciento de caída de voltaje? ¿Es adecuado el conductor para este circuito?

$$Ca\acute{i}da\ de\ voltaje\ (V) \ = \frac{(2)(K)(I)(L)}{(Circular\ Mils)}$$

De la Tabla 8 del capítulo 9 del NEC® obtenemos los *Circular Mils* para el conductor de cobre 8 AWG y es 16,510.

$$Ca\acute{i}da\ de\ voltaje\ (V) = \frac{(2)(12.9)(40A)(100FT)}{(16510)} = 6.25\ V$$

$$\% \ Ca\acute{i}da\ de\ voltaje \ = \frac{Ca\acute{i}da\ de\ voltaje\ (V)}{Voltaje} x100$$

$$\% \ Ca\acute{i}da\ de\ voltaje \ = \frac{6.25\ V}{115\ V} x100 = 5.4\ \% >2\%\ \text{NO}$$

Al determinar el % de caída de voltaje nos damos cuenta que excede el 2% máximo para nuestro sistema fotovoltaico, por lo cual el calibre del conductor debe ser aumentado, aunque en términos de ampacidad este conductor de cobre de calibre 8 AWG y clasificación de 75ºC, tiene capacidad suficiente para trasportar 50 A.

¿Sabía usted que...?

Podemos utilizar la misma fórmula de caída de voltaje y despejando por diferentes variables obtenemos diferentes resultados limitándonos a la caída de voltaje deseada.

$$Caída\ de\ voltaje\ (V) = \frac{(2)(K)(I)(L)}{(Circular\ Mils)}$$

$$L\ máximo = \frac{(Caída\ de\ voltaje\ en\ V)x(Circular\ Mils)}{(2)(K)(I)}$$

$$I\ máxima = \frac{(Caída\ de\ Voltaje\ en\ V)x(Circular\ Mils)}{(2)(K)(L)}$$

-Largo máximo de un conductor a base de la caída de voltaje permitida en el circuito

La caída de voltaje permitida en sistemas fotovoltaicos desconectados de la red es 2% y conectados a la red es 1.5%. Para los demás escenarios no fotovoltaicos, el NEC® recomienda 3% para circuitos individuales y 5% para el sistema completo.

Para que un conductor en un circuito fotovoltaico desconectado de la red no exceda el límite de caída de voltaje, el largo máximo sería:

$$L\ máximo\ = \frac{(0.02\ x\ Voltaje)\ x\ (Circular\ Mils)}{(2\ )(\ K)(\ I)}$$

Para los demás tipos de circuitos se cambia el valor permitido de la caída de voltaje. Para sistemas fotovoltaicos conectados a la red se sustituye el 0.02 por 0.015 y para circuitos individuales AC se utiliza 0.03.

Utilizando los datos del ejemplo anterior, podemos calcular cual es el largo máximo del conductor calibre 8 AWG con clasificación de 75ºC para que no exceda una caída de voltaje de 2%.

$$L\ máximo\ = \frac{(0.02\ x\ 115V)x(16510)}{(2\ )(\ 12.9)(\ 40A)} =36.8\ FT$$

En este caso, para que la caída de voltaje no exceda un 2%, el conductor de calibre 8 AWG no puede exceder los 36.8 pies de longitud.

Estos resultados nos muestran que en circuitos fotovoltaicos los tramos deben ser lo más corto posible. Como recomendación general, cuando el largo de los conductores DC de bajo voltaje exceden 25 ft de longitud, se debe calcular la caída de voltaje (Voltage drop). En circuitos AC generalmente se calcula para largos mayores a 50 ft porque la caída de voltaje aceptable es 3% en circuitos individuales.

Calibre de un conductor de corriente de acuerdo a la caída de voltaje permitida

Con la caída de voltaje permitida podemos calcular el área del conductor en *Circular Mils* y obtener el calibre necesario de la Tabla 8 del Capítulo 9 del NEC®.

Veamos:

$$Circular\ Mils = \frac{(2)(K)(I)(L)}{Caída\ de\ voltaje\ (V)}$$

-Ejemplo de cálculo de conductor de corriente de acuerdo al límite de caída de voltaje.

Necesitamos trasportar una corriente de I= 60 A, desde un panel de distribución hasta un garaje a una distancia de 150 ft, a temperatura ambiente de 84º F. El voltaje del circuito es de 120V. ¿Cuál debe ser el calibre del conductor de cobre trenzado que podemos utilizar para no exceder un 3% de caída de voltaje?

$$Circular\ Mils = \frac{(2)(12.9)(60\ A)(150\ ft)}{0.03\ x\ 120\ V} = 64,500$$

Buscamos en la tabla 8 del Capítulo 9 del NEC® aquel conductor cuya área en CM sea poco mayor a 64,500. Podemos observar que el calibre 2 AWG tiene un área de 66,360 CM y es suficiente para trasportar la corriente de 30 A por una distancia de 150 ft, manteniendo una caída de voltaje máxima de 3%.

Conductos

Los conductos son los tubos por dónde van los conductores o cables. Los conductos protegen los cables de los elementos, pero si se sobrellenan afecta adversamente la ampacidad de los cables, debido al sobre calentamiento por falta de aireación. Por lo que los conductos no deben tener apiñamiento de cables en su interior. En sistemas fotovoltaicos residenciales  generalmente se utilizan conductos eléctricos de ¾" o 1" por arreglo o controlador residencial, con tres conductores en conducto, para limitar los efectos o pérdidas por temperatura y no complicar el cálculo de ampacidad.

Hay dos tipos de conductos: metálicos y no metálicos. Es típico utilizar los conductos no metálicos por su bajo coste y fácil instalación. Los tubos blancos de PVC son para agua, no para instalaciones eléctricas. En la mayoría de las instalaciones se utiliza los conductos de PVC rígido (gris) o los flexibles que son más costosos. Para los tubos de PVC vienen curvas, no codos.

Conducto Rígido de PVC

Conducto Flexible de PVC

Protectores de sobre corriente, cortacorriente o breakers

La corriente fluye a través de los conductores que a su vez pueden estar protegidos mecánicamente dentro de unos conductos. De alguna manera necesitamos tener la capacidad de detener ese flujo de corriente en caso de ser necesario, sea manual o automáticamente. Al igual que en el

Fuente: ZBENY

proceso de elección de los conductores, la selección de cortacorrientes no es al azar. Los conductores siempre deben tener mayor ampacidad que los cortacorrientes, pues la función principal de un cortacorriente es proteger a los conductores.

Fuente: ZBENY

Si hablamos de disyuntivos manuales, estamos

considerando los interruptores o en palabras de campo, los *swit-ches.* Cuando tratamos con interruptores automáticos, estamos considerando los fusibles o los cortacorrientes, *breakers.*

Es muy importante hacer una selección de acuerdo al tipo de corriente, ampacidad, voltaje y frecuencia. El voltaje límite del cortacorriente siempre debe ser mayor al voltaje del circuito y la ampacidad según calculada de acuerdo al código. Debe tener en consideración donde va a instalarlo y las marcas correspondientes.

Fuente: Midnite

Un cortacorriente o *breaker* puede hacer la función de interruptor eléctrico, capaz de proveer protección de sobre corriente a la vez que proveer la capacidad desconectiva. Es preferible utilizar cortacorrientes en todos los tramos entre equipos, pues siempre hay conductores que proteger y equipo que en algún momento requiera desconexión manual para mantenimiento o reemplazo.

Fuente: ZBENY

La función de un cortacorriente es abrir el circuito en caso de excederse los límites de corriente del disyuntor. La misma función la hacen los fusibles. Estos tienen un filamento en su interior que se derrite cuando se excede la corriente límite y cuando esto sucede se abre el circuito, se apaga, tienen que ser reemplazados.

Los cortacorrientes AC y DC son diferentes. Los cortacorrientes DC tienen un diseño más sofisticado en su interior para disipar la chispa o el arco que se forma al abrir un circuito DC cargado. Esta función es menor en los disyuntores AC, pues el voltaje es cero 120 veces por segundo y los cortacorrientes abren el circuito con voltaje cero o cercano, sin crear arcos eléctricos de la magnitud de los DC.

En resumen, es preferible utilizar cortacorrientes o *breakers*. Estos protegen los cables y abren o desconectan el circuito en tres formas. Una es manual, apagando el dispositivo con la mano. Las otras dos formas de apagarse son automáticas. Primero, por temperatura, cuando hay una corriente cercana a la de diseño por un tiempo prolongado y sobrecalienta el mecanismo provisto dentro del disyuntor. La segunda desconecta el disyuntor instantáneamente cuando una corriente en exceso del límite produce un campo magnético que excede los límites en el interior del disyuntor. Cualquiera de las tres formas que apague el cortacorriente, no lo arruina, sino que puede continuar utilizándolo y eso es una gran ventaja.

También hay cortacorrientes clasificados tanto para corriente DC como para corriente AC, pero son mucho más costosos. Debe asegurarse de utilizar el modelo correcto según la necesidad de sus circuitos y los parámetros correspondientes en la localidad de la instalación.

Es muy importante recordar que un cortacorriente o conductor no debe trabajar a una corriente continua mayor al 80% de su capacidad.

> Ejemplo: Un cortacorriente de 40 A no debe utilizarse a más de (40 A x 0.80) = **32 A** de corriente continua.

Cajas de combinación

Todos hemos visto o estado cerca de una caja de combinación en algún momento. Dentro de ellas se hacen las conexiones o combinaciones de conductores y se instalan los cortacorrientes, fusibles, desconectores y los protectores de voltaje. La proliferación de sistemas solares abrió mercado a la venta de una inmensa variedad de cajas de combinación.

Fuente: Midnite

Es común adquirir las cajas de combinación con todo integrado, asunto que facilita mucho la instalación de forma segura y rápida, siendo que los sistemas fotovoltaicos residenciales requieren instalaciones típicas. Actualmente puede adquirir una caja de combinación con todo integrado para un arreglo fotovoltaico de cuatro series para un controlador, por menos de $200. Es muy importante que verifique con anticipación que todos los componentes tienen la etiqueta de certificación de UL®. Algunas traen tanto los cortacorrientes para los conductores DC positivos como para los negativos.

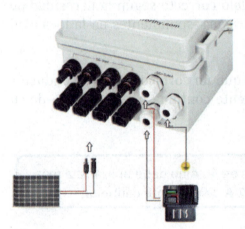

Una caja de combinación como esta, marca Eco Worthy, viene lista para instalar en un arreglo residencial típico de 4 series de paneles fotovoltaicos saliendo hacia un controlador de carga.

En estos casos, es típico que el conductor positivo de cada serie llegue hasta un cortacorriente de entre 10 A a 20 A, según el modelo de panel fotovoltaico utilizado. Luego se combinan y llega al cortacorriente general del arreglo, dentro de la misma caja. La magnitud de cada cortacorriente por serie está identificada en la etiqueta del panel fotovoltaico o puede hacer los cálculos de ampacidad pertinentes.

Los conductores negativos entran a un bus bar donde se combinan, para luego llegar al terminal negativo del cortacorriente general del arreglo, dentro de la misma caja de combinación, para luego salir hacia el controlador de carga. En paralelo al cortacorrientes está conectado el protector de voltaje, *surge protector o lightning arrestor.* De igual manera permite el espacio para el conductor de puesta a tierra. La ventaja principal es que este tipo de caja de combinación trae los componentes pre-alambrados y solo tiene que hacer unas pocas conexiones eléctricas, la mayoría en su exterior.

Fuente: ECOWORTHY

¿Qué es un bus bar?

Los *bus bar* son unas barras metálicas que conducen corriente. Se utilizan para combinar conexiones o unir cargas. Las hay dentro de las cajas de combinación. Hay muchos tipos y tienen sus límites de resistencia a voltaje y corriente. Debe asegurarse de utilizar las adecuadas de acuerdo a la instalación. Es muy importante que estén aisladas de la caja, por lo que están montadas sobre un material aislante.

Fuente: Amazon

¿Qué es un din rail?

A diferencia de la instalación de los cortacorrientes AC en los paneles de distribución en nuestros hogares, los cortacorrientes o *breakers* en las cajas de combinación DC que utilizamos generalmente están instalados en una barra llamada *din rail.* Esta provee la

Fuente: AliExpress

capacidad estructural para la instalación de los cortacorrientes, medidores, controladores, monitores, protectores de voltaje y tantos otros artefactos que podemos utilizar en nuestros sistemas. El *din rail* no es un bus bar, por él no debe pasar corriente.

Protectores de voltaje

Fuente: Midnite

En las cajas de combinación podemos instalar diferentes tipos de protectores de voltaje, de acuerdo al nivel de protección que necesitemos y al tipo y magnitud de corriente y voltaje en el circuito. Hay una gran variedad de protectores de voltajes disponibles en el mercado. Muchos tienen la capacidad de suprimir miles de voltios o amperios como los producidos por un relámpago, estos se llaman *lightning arrestors*. El modelo presentado de Midnite se instala en un [23]*knockout* de la caja de combinación. Hay otros modelos para instalación en *din rail.*

Fuente: ZBENY

Medidores de potencia y consumo

Fuente: ACREL

Es posible instalar medidores de potencia y consumo en las cajas de combinación. La conveniencia de monitorear la producción de nuestros sistemas, el costo accesible y la fácil instalación en *din rail* permiten sacarle beneficio a estos artefactos electrónicos.

---

[23] Orificio pre-hecho en las cajas de combinación. Los hay de variedad de tamaños y tienen una chapa que hay que remover para poder utilizarlos.

Los medidores de potencia miden la corriente y voltaje del circuito y a su vez proveen los cálculos de potencia en tiempo real en su pantalla LCD. Algunos modelos pueden trasmitir la data vía Wifi o Bluetooth para lectura remota, mientras otros solo permiten la lectura local. Generalmente proveen el consumo de energía utilizada o producida en kWh y los máximos y mínimos del circuito. Son muy útiles para tabular el comportamiento a largo plazo e identificar cambios en la producción del arreglo

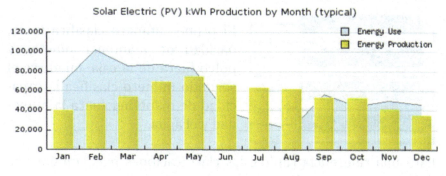

Fuente: Solar Advantage

fotovoltaico.

En resumen, existe una gran variedad de aparatos electrónicos que podemos instalar en nuestros sistemas y la capacidad de instalarlos en *din rail* en nuestras cajas de combinación es conveniente.

Las cajas de combinación están clasificadas por el IP Rating en Europa y por NEMA en Estados Unidos. Es normal ver ambas clasificaciones en un mismo producto, con la idea del manufacturero venderlas en ambos mercados. No es lo mismo una caja diseñada para áreas secas en el interior, que otra resistente al agua para el exterior o hasta sumergible.

Veamos de qué se trata para escoger adecuadamente. Comenzaremos con la clasificación de [24]*IP Rating* ya que es mucho más fácil de entender que [25]*NEMA*.

---

[24] Ingress Protection Rating.

[25] National Electrical Manufacturer Association.

IP Rating o Ingress Protection Rating

En adición a asegurarse que la caja de combinación y sus componentes cuentan con la certificación UL®, debe verificar su clasificación para el lugar de instalación. Esta clasificación se utiliza para definir los niveles de eficacia de sellado de las cajas eléctricas contra la intrusión de cuerpos extraños como herramientas, suciedad, aspersión y la humedad.

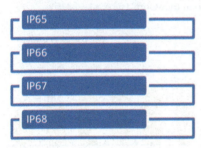

El primer número clasifica la capacidad de mantener objetos y polvo fuera de la caja, mientras el segundo número clasifica la capacidad de mantener fuera la humedad y el agua.

Para una referencia rápida, las clasificaciones más comunes se definen a continuación.

IP65 - clasificado como hermético al polvo y protegido contra el agua proyectada por una boquilla.

IP66: clasificado como hermética al polvo y protegida contra mares agitados o poderosos chorros de agua.

IP67: clasificado como hermética al polvo y protegidas contra la inmersión durante 30 minutos a profundidades de 150 mm a 1000 mm.

IP68: clasificado como hermética al polvo y protegidas contra la inmersión completa y continua en agua.

NEMA o National Electrical Manufacturer Association

Las clasificaciones de NEMA son más detalladas que el *IP Rating*, pues no solo considera la entrada de objetos, polvo, humedad o agua. En adición a estos, clasifica la resistencia a la corrosión, nieve, hielo, tipos de materiales y otras características adicionales. Mencionaremos algunos ejemplos para referencia solamente.

Nema 1 y 2 - Los gabinetes NEMA Tipo 1 y 2 son para uso en interiores, para proteger al personal del acceso a partes peligrosas dentro del recinto.

NEMA 3, 3R & 3S - Los gabinetes NEMA Tipo 3 están diseñados para proteger el contenido interno de condiciones ambientales como lluvia, aguanieve, nieve e incluyen cierta protección contra el polvo arrastrado por el viento.

NEMA 4 – los gabinetes NEMA tipo 4 están diseñados para entornos ligeramente más duros que aquellos para los que están diseñados NEMA 3, añadiendo la resistencia a la intrusión de agua dirigida al gabinete con la fuerza de una manguera de bomberos.

Hay muchas otras clasificaciones dependiendo del ambiente donde se van a instalar y la resistencia requerida a los elementos. Lo importante es que debe entender que hay cajas de combinación que están diseñadas solo para el interior y otras para el exterior. Unas resisten agua y otras no, mientras unas previenen que entre el polvo, la nieve y el hielo. Unas están diseñadas para áreas expuestas al salitre, otras para ambientes peligrosos y así sucesivamente. Seleccione de acuerdo al mejor producto disponible para el uso y localización de la instalación.

Debe hacer instalaciones seguras, conexiones adecuadas y al torque pertinente para evitar sucesos que lamentar y la posibilidad de daños  a corto y largo plazo. Por las cajas de combinación pasan altas magnitudes de corriente y voltaje.

XI Diseño de un sistema de energía solar residencial desconectado de la red (*off grid*)

Al fin llegó la hora de hacer los cálculos de nuestro sistema fotovoltaico. Todo este capítulo vamos a dedicarlo a hacer un ejemplo completo y detallado de un sistema desconectado de la red. Para comprenderlo al detalle debe haber leído todo el libro o tener conocimiento previo. Hemos estudiado los diferentes tipos de sistemas, los principios básicos de electricidad, los paneles fotovoltaicos y su instalación óptima, los controladores de carga y sus capacidades, los bancos de baterías y sus virtudes, los conductores y cajas de combinación y muchos otros detalles fundamentales que nos permiten entrar en aguas más profundas. Por eso hemos dejado el cálculo del sistema para el final, después de trabajar las diferentes secciones individualmente. Recuerde que estos son aproximaciones, no hay estimado exacto, porque nadie sabe cómo se va a comportar el estado del tiempo, la magnitud de la irradiación solar, los usuarios y hay muchas otras variables a considerar sobre las cuales no tenemos ningún control.

Es cuestión de tomar toda la información disponible y administrarla con prudencia para formar el sistema a base de nuestro propio consumo, necesidades actuales y expectativas a largo plazo. Existen muchas maneras de hacer instalaciones seguras y eficientes. Rara es la vez que hay una sola forma de solucionar un problema. Hay gran variedad de opciones en marcas, tecnologías y capacidades que tenemos que tomar en consideración a base de nuestras expectativas y características deseadas de cada componente, <u>según descrito a fondo en las secciones correspondientes</u>.

Ahora estamos listos para calcular la magnitud de nuestro arreglo fotovoltaico.

Ejemplo de cálculo de sistema fotovoltaico desconectado de la red

Datos:

-Consumo mensual según factura de la utilidad = 570 kWh
-Paneles fotovoltaicos a utilizar = Qcell 355W (especificaciones en etiqueta)
-Ubicación = Puerto Rico
-Orientación = 193º
-Ángulo de inclinación =18ºN
-Baterías a utilizar = LiFePO$_4$
-Profundidad de descarga DoD = 80%

-Eficiencia del sistema = 80%

-Condiciones de uso:
- ✓ Temperatura ambiente de 84ºF
- ✓ Tres conductores de corriente por conducto
- ✓ Tramos DC menores a 25 ft (*evitamos calcular caída de voltaje en los conductores)*
- ✓ Conductos en el techo despegados 2 in de la torta.
- ✓ Clasificación de terminales de 75ºC
- ✓ Conductores a utilizar con clasificación de 90ºC
- ✓ Conductor de puesta a tierra (*ground*) 6 AWG en todos los tramos.

-Paso 1 – Verificar las especificaciones de la instalación y datos suministrados.

Es muy importante entender el tipo de sistema deseado y las marcas de equipo que desea utilizar. Debe considerar el [26]área donde va a hacer la instalación para determinar la cabida de paneles fotovoltaicos.

$$\text{Cantidad de paneles que caben en un área} = \frac{(\text{Área})(\%\ \text{Área sin } obstrucciones)}{(\text{Área del panel fotovoltaico})}$$

-Paso 2 – [27]Calcular magnitud del arreglo fotovoltaico

$$Arreglo\ Solar\ W = \frac{(Consumo\ mensual\ en\ kWh)(1000\frac{W}{kW})}{30\frac{dias}{mes}x(Horas\ Irradiación)x(Eficiencia\ Sistema)}$$

$$Arreglo\ Solar\ W = \frac{(570\ kWh)(1000\frac{W}{kW})}{30díasx(5.5)x(0.8)} = 4,318\ W$$

[26] Detalles para cálculo de paneles que caben en un área, disp. en pág. 119.

[27] Detalles para cálculo del arreglo fotovoltaico disponible en página 143.

Hay diferentes formas adoptadas para hacer estos estimados. Una forma u otra le proveen valores aproximados y siendo que son promedios y luego maximizamos nuestros arreglos fotovoltaicos, no hace mucha diferencia a nivel residencial.

Hemos determinado la magnitud del arreglo fotovoltaico de forma simplificada considerando una eficiencia típica de 80% en el sistema. Si usted considera un 70% de eficiencia del arreglo fotovoltaico, tendría como resultado un arreglo solar de mayor magnitud.

En la medida en que sea posible es conveniente aumentar un poco la capacidad del arreglo fotovoltaico, pues con el tiempo se van degradando los paneles y el desempeño óptimo de los equipos va disminuyendo.

¡Un poco demás es mejor!

Es necesario tomar unas consideraciones adicionales para los cálculos del [28]sistema fotovoltaico a nivel comercial o industrial. Se debe considerar la eficiencia del arreglo fotovoltaico en relación a sombras, la orientación y ángulo de inclinación de los paneles fotovoltaicos y los factores de temperatura de los paneles, entre otros parámetros. Hay programas de calculadoras electrónicas para hacer unos estimados más detallados considerando variables adicionales, como NREL PVWATTS. Puede accederlo en **https://pvwatts.nrel.gov/** y trabaja de acuerdo a la localización, parámetros de instalación, consumo y diferentes valores de pérdidas que son editables. Muy buena herramienta disponible de forma gratuita.

-Paso 3 - Determinar cantidad de paneles en el arreglo fotovoltaico

Hemos determinado la magnitud del arreglo fotovoltaico a base de un consumo mensual, ahora po-

---

[28]Para sistema fotovoltaico a nivel comercial o industrial ver página 146.

demos calcular cuántos paneles fotovoltaicos necesitamos para producir esa energía requerida diariamente. La cantidad de paneles depende del tamaño del arreglo y de la potencia de cada panel. Conviene que todos los paneles fotovoltaicos sean iguales. En la sección de paneles fotovoltaicos se establecen los detalles a considerar. Un arreglo requiere menos paneles si son grandes o más cantidad si son pequeños. Considerando que cada día hacen los paneles de mayor potencia, sobre 400 Watts, es favorable adquirir paneles de 350W o más.

En este caso vamos a utilizar el panel marca **Qcell de 355W**. En el cálculo simplificado anterior determinamos que el arreglo necesario es de **4,318W**.

$$Cantidad\ paneles = \frac{Arreglo\ solar\ en\ Watts}{Panel\ Watts}$$

$$Cantidad\ paneles = \frac{4{,}318\ W}{355\ W} = 12.2\ paneles$$

El resultado muestra que necesitamos al menos 13 paneles de 355W para suplir toda la energía de acuerdo al consumo de 570 *kWh* que estamos considerando.

-Paso 4 – Escoger el controlador de carga

Hemos determinado la cantidad de paneles fotovoltaicos de 355W que necesitamos utilizar para hacer nuestro arreglo fotovoltaico que necesita producir 4318 W de potencia para cubrir todo el consumo energético de la instalación. El controlador de carga que vayamos a escoger tiene que tener la capacidad de producir o procesar al menos 4318 W de potencia continua. Puede hacer la instalación con un solo controlador o la potencia combinada de varios. Lo importante es que tenga la capacidad necesaria para procesar la potencia que produce el arreglo fotovoltaico. Una vez escoge el controlador de carga según trabajado en la sección de Controladores de Carga, podrá hacer el diseño fotovoltaico final. Por decir, cuantos paneles fotovoltaicos puede poner por [29]serie y [30]cuantas series salen en el arreglo. Luego de esto podrá determinar y escoger la caja de combinación, cables y los demás elementos de los pasos subsiguientes.

Hay muchas opciones de controladores de carga para un arreglo fotovoltaico. Nos debemos limitar a las prácticas más comunes, tecnología MPPT de las marcas principales y costo-eficiencia.

Para propósitos de sacarle el mejor provecho a este ejemplo, vamos a comparar dos controladores distintos para esta instalación. Buscamos controladores MPPT que tienen una potencia cercana o mayor a la que necesitamos. Si no tiene idea, puede calcular la corriente del controlador y partir de allí.

$$Corriente\ A = \frac{Potencia\ del\ arreglo\ W}{Voltaje\ del\ banco\ V}$$

$$Corriente\ A = \frac{4,318\ W}{48\ V} = 90\ A$$

Necesitamos un controlador de carga de 90 A o cercano, pero lo escogemos a base de la potencia en watts que pueden producir.

Para comenzar a darle forma al arreglo, podemos considerar un controlador típico residencial Outback Flexmax 80A 150V con una potencia de 4,000 Watts en un banco de baterías de 48V y comparar con un controlador Outback Flexmax 100A 300V con una potencia aproximada de 5,250 Watts en un banco de bate-

---

[29] La cantidad paneles fotovoltaicos que puede poner por serie depende del V_{MAX} del Controlador de cargas y del V_{OC} del panel fotovoltaico a utilizar.

[30] La cantidad de series conectadas en paralelo en el arreglo fotovoltaico determinan la magnitud de la corriente que va hacia el controlador de carga.

rías de 48V. Como puede ver, la potencia del Outback 80 es poco menor a la que estamos necesitando, mientras que la del Outback 100 es mayor. Como la diferencia no es mucha, podemos trabajarlo así para propósitos ilustrativos y veremos a que conclusiones llegamos.

Quiérase decir que vamos a hacer los procedimientos para utilizar el Outback Flexmax 80 y luego para el Outback Flexmax 100 y comentamos.

-Paso 5 - Verificar que estemos dentro de los límites del controlador de carga a utilizar.

En este caso vamos a utilizar un controlador de carga Outback 80 de 150 V_{MAX}. Verificamos los límites del controlador a ver si cumple.

1. **Potencia** – conectado a un banco de baterías de 48V, la potencia máxima de producción es 4,000W.

> 12 paneles x 355W = 4,260W **ACEPTABLE**

> Es habitual instalar un arreglo fotovoltaico poco mayor a la producción máxima del controlador, pues el arreglo solar no produce el 100% de su potencia, excepto en ciertas ocasiones.

Podemos utilizar 12 paneles fotovoltaicos al menos para comenzar y más adelante expandir según necesario, sin pasar por alto que no van a producir el 100% del consumo estimado. El controlador puede trabajar hasta su máxima potencia y de tener un excedente de potencia disponible desde el arreglo solar, lo descartaría en calor. Recuerde que según los cálculos, necesitamos un arreglo de 4,318 W. Un Outback 80 puede producirle un máximo de 4,000 W a 48V. Si quiere producir la totalidad correspondiente a 570 *KWh*, necesita añadir otro controlador con al menos otro panel fotovoltaico.

2. **Voltaje**- el voltaje máximo del arreglo V_{OC}, <u>no debe exceder</u> el límite del voltaje de entrada del controlador, V_{MAX}.

> $V_{MAX} = V_{OC}$ panel x factor de corrección x # paneles/serie

Para determinar el voltaje máximo del circuito fotovoltaico necesito saber cuántos paneles podemos conectar por serie.

> *¿Cuántos paneles podemos conectar por serie en un controlador de 150 V_{MAX}?*
>
> *Eso depende del V_{OC} del panel fotovoltaico a utilizar en la instalación.*

Q.PEAK DUO-G8 355
PERFORMANCE AT STARNDAD TESTCONDITIONS*

Nominal Power	(P_{MPP})	355 W
Short circuit current	(I_{SC})	10.79 A
Open Circuit Voltage	(V_{OC})	40.95 V
Current at Max. Power	(I_{MPP})	10.28 A
Voltage at Max. Power	(V_{MPP})	34.55 V

De la etiqueta del panel fotovoltaico a utilizar, se desprende que el V_{OC} de este panel marca Qcell de 355W es 40.95V.

> $$\text{\# Paneles por serie} = \frac{\text{VMAX Controlador (V)}}{\text{Voltaje panel (V)} \times factor\ de\ corrección}$$

En la sección de paneles fotovoltaicos vimos que utilizamos un factor de corrección por temperatura de (1) para Puerto Rico. Para instalaciones con temperatura ambiente menor a 25ºC o 77ºF, utilizar factores de corrección de la Tabla 690.7 del NEC® para paneles de Silicio.

> $$\text{\# Paneles por serie} = \frac{150\ V}{40.95\ V\ X\ 1} = 3.7$$

Obtenemos que puede conectar hasta 3 paneles fotovoltaicos Qcell de 355W por serie utilizando un Flexmax 80 y tendríamos un arreglo así:

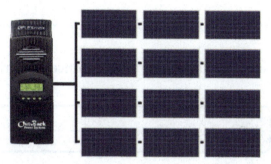

Ahora podemos calcular el voltaje máximo del arreglo:

$$V_{MAX} = V_{OC} \text{ panel } \times \text{ factor de corrección} \times \text{\# paneles/serie}$$

$$V_{MAX} = 40.95V \times 1 \times 3 = 122.85 \; V < 150 \; V_{MAX}\text{controlador} = \textbf{OK}$$

3. **Corriente**- la corriente máxima continua del arreglo fotovoltaico no puede exceder el límite de entrada de corriente del controlador, en este caso 80 A.

Como la corriente se suma en las conexiones en paralelo y tenemos cuatro series de paneles en paralelo, tenemos:

Corriente máxima continua= Isc x 1.56 x 4 series=
10.79 A x 1.56 x 4 = 67.32 < 80A **OK**

Nota: El factor 1.56 es el factor de corrección combinado de ampacidad de 1.25 por uso continuo y 1.25 por sobre-irradiación. (Ver sección de conductores)

Culminamos las verificaciones del controlador de carga Outback Flexmax 80. Lo podemos utilizar sabiendo que tiene una potencia máxima de 4,000 Watts y no cubre el 100% de la necesidad. Tiene un costo aproximado de $450 y más adelante podemos añadir otra unidad.

-¿Qué pasaría si optamos por utilizar un controlador de 300 Voc?

Para utilizar un controlador de 300 V, entonces tendríamos:

$$\# \text{ Paneles por serie} = \frac{300 \text{ V}}{40.95 \text{ V X } 1} = 7.32$$

Por lo tanto, si necesitamos 12.2 paneles y podemos utilizar hasta 7 paneles por serie, entonces tenemos la oportunidad de utilizar 14 paneles Qcell de 355W, en un arreglo que puede cubrir un Outback 100 A de 300 V_{OC} con un costo aproximado de $900.

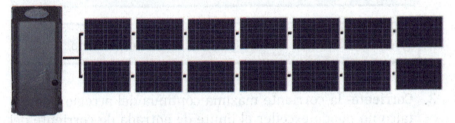

Debemos verificar que estemos dentro de los límites del controlador a utilizar, en este caso, Outback 100 A 300 V.

1. **Potencia** – conectado a un banco de baterías de 48V, la potencia máxima de producción es aproximadamente 5,250W.

$$14 \text{ paneles x } 355W = 4,970W < 5,250W \textbf{ OK}$$

El manufacturero indica la potencia máxima del arreglo fotovoltaico que puede alimentar al controlador.

2. **Voltaje**- el voltaje máximo del arreglo no debe exceder el límite de voltaje del controlador.

$$V_{MAX} = V_{OC} \text{ panel x factor de corrección x \# paneles/serie}$$

$$V_{MAX} = 40.95V \text{ X } 1 \text{ X } 7 = 286.65V < 300 \ V_{MAX}\text{controlador}= \textbf{OK}$$

3. **Corriente**- la corriente máxima continua de salida del arreglo no puede exceder el límite de entrada de corriente del controlador. Como la corriente se suma en las conexiones en paralelo y tenemos dos series en paralelo, entonces:

$$\text{Corriente máxima continua} = \text{Isc x } 1.56 \text{ x } 2 \text{ series}= \\ 10.79 \text{ A x } 1.56 \text{ x } 2 = 33.66 < 100A \ \textbf{OK}$$

Como podemos observar, utilizar este controlador de 300 V_{OC} permite cubrir toda la producción necesaria para este consumo y hasta un poco más, con un solo controlador. El costo del controlador es de aproximadamente el doble que un controlador de 150 V_{OC} aunque representa una instalación un poco más rápida y económica, pues requiere menos conductores, de menor calibre, menos conexiones y cortacorrientes de menor ampacidad. Pero, por el precio de un Outback 100A 300V, probablemente pueda adquirir dos Outback 80A 150V y tener mucha más capacidad en términos de potencia en el arreglo. Hay ventajas adicionales a considerar, pero el costo tiende a ser determinante.

Para propósitos de este ejemplo vamos a seleccionar el controlador de carga Outback Flexmax 100 A 300 V con tal de suplir toda la energía con un solo controlador. Lo vamos a hacer con 14 paneles fotovoltaicos Qcell de 355W en dos series de 7 paneles cada una.

Hay que hacer los cálculos de los conductores, cortacorrientes y cajas de combinación, tarea que trabajamos más adelante, luego de tener todos los componentes escogidos, sabiendo sus especificaciones y los tramos donde estén instalados.

-Paso 6 – Diseñar el banco de baterías

Calcular la capacidad del banco de baterías en KWh

$$\text{Capacidad del banco de baterías en } KWh$$

$$= \frac{Consumo\ mensual\ kWh\ x\ Dias\ de\ autonomia}{30\ dias\ x\ Eficiencia\ inversor\ x\ DoD\ x\ Factor\ temperatura}$$

Si utilizamos baterías con un DoD de 50% como <u>ácido-plomo</u>:

$$\text{Capacidad del banco de baterías en } KWh = \frac{570\ kWh\ x\ 1\ día}{30\ días\ x\ 0.90\ x\ 0.50\ x\ 1} = 42.2\ kWh$$

Si utilizamos las baterías de ácido-plomo con un DoD de 80% o baterías de $LiFePO_4$:

$$\text{Capacidad del banco de baterías en } KWh = \frac{570\ kWh\ x\ 1\ día}{30\ días\ x\ 0.90\ x\ 0.80\ x\ 1} = 26.3\ kWh$$

Recuerde que puede utilizar las baterías de ácido-plomo con una profundidad de descarga DoD de hasta 80%. Tendrá más energía disponible, pero menos tiempo de vida útil en las baterías. Puede ver los cálculos correspondientes en la sección de las baterías.

De los resultados obtenidos, podemos observar que utilizando una profundidad de descarga mayor, el banco puede ser de menor tamaño. En la sección de baterías vimos las ventajas de utilizar baterías de *LiFePO₄*. Cuando compramos baterías de *LiFePO₄* en el mercado actual, generalmente adquirimos el gabinete listo para instalar a 48V. De modo que en este caso, si utilizamos uno o varios gabinetes de baterías de *LiFePO₄* en paralelo a 48V, la capacidad necesaria es 26.3 *kWh*, o un poco más.

 Pudiéramos utilizar 3 baterías de 10 *kWh* de LiFePO₄ a 48V. Tendríamos 30 *kWh* a 48 V y puede costar [31]$15,000 o menos al momento de escribir este libro.

Por otro lado, <u>utilizando baterías tradicionales de ácido-plomo</u>, habría que determinar la magnitud de cada batería en Ah a base de la capacidad calculada del banco en *kWh* y al voltaje del banco, que es 48V. Veamos:

$$\text{Capacidad de cada bateria en Ah para \underline{una} serie}$$
$$= \frac{\text{Capacidad del banco en kWh x } 1{,}000\ W/kW}{\text{Voltaje nominal}}$$

$$\text{Capacidad de cada bateria en Ah para \underline{una} serie}$$
$$= \frac{42.2\ kWh\ x\ 1{,}000\ W/kW}{48V} = 880\ Ah$$

En este paso hemos determinado que para suplir la energía del ejemplo con baterías de ácido-plomo, **42.2 *kWh***, utilizando un banco de **48V**, requiere utilizar <u>una serie</u> de baterías con una

---

[31] Utilizando baterías de LiFePO₄ *UL Listed*, pero que no sean de las marcas más costosas.

capacidad de **880Ah** cada una. Independientemente de las baterías utilizadas y del voltaje individual de ellas (todas iguales). Utilizando una serie de baterías típicas de 6V quedaría así:

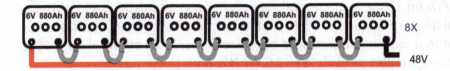

Bien puede formar el banco con <u>dos series </u>de baterías. En ese caso, solo necesita dividir la corriente obtenida por la cantidad de series en que las va a distribuir,

$$\text{Capacidad de batería en Ah para dos series} = \frac{880\ AH}{2} = 440Ah.$$

Utilizando 2 series de baterías de 6V quedaría así:

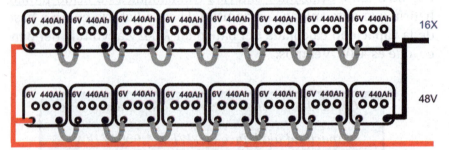

Una vez decidimos que tipo de baterías vamos a utilizar y diseñamos el banco, podemos pasar a escoger el inversor.

-Paso 7 – Escoger un inversor de corriente

Hay muchas características que deseamos tener en nuestro inversor de corriente, *detalladas en el capítulo de inversores.*

① Capacidad de carga continua. Para ello necesita sumar todas las cargas que el inversor debe correr simultáneamente.

② Capacidad del inversor para cargas pico o *surge loads,* que tienen todos los motores. Hay que verificar en las facilidades estos equipos y sumar las cargas que necesita suplir de forma simultánea.

③ Voltaje de entrada al inversor, que es el voltaje del banco de baterías, 48 *VDC* típicamente.

④ Voltaje de salida del inversor, 120/240 VAC, *split phase*, para suplir ambas fases en la residencia en Puerto Rico y Estados Unidos.

⑤ Verificar que la frecuencia sea según la localización de la instalación, 60 Hz para Puerto Rico.

⑥ Asegurarse que la eficiencia sea mayor a 90%.

⑦ Verificar otras características deseadas. Allí podríamos considerar que tenga cargador o *charger*, que sea apilable, que sea programable, marcas, precios, garantías, ubicación y demás.

⑧ Balance de sistema.

En los sistemas desconectados de la red (*off grid*) no existe una fórmula para calcular el tamaño del inversor con respecto al arreglo fotovoltaico o al banco de baterías. Depende totalmente de los equipos que van a utilizar en la instalación y la potencia simultánea requerida para su operación.

Para efecto del ejemplo, asumamos unas cargas típicas según la tabla de consumos a continuación.

Calculadora de consumo

Enseres eléctricos	Encendido simultáneamente	Cantidad	Consumo	Potencia Continua (Watts)	Potencia Pico (Watts)
Nevera	[X]	1	110	110	350
Abanico	[X]	2	60	120	120
Luces Led	[X]	4	10	40	40
Aire inverter 12 kBTU	[X]	1	325	325	750
Televisor	[X]	1	90	90	90
Microondas	[X]	1	1500	1500	1500
Plancha	[X]	1	1200	1200	1200
Computadora	[X]	1	50	50	50
Secadora de pelo	[X]	1	2500	2500	2500
	[ ]				
	[ ]				
	[ ]				
Potencia requerida por inversor				5,935	6,600

De la tabla de consumos podemos determinar la potencia continua y pico que necesitamos del inversor. Para no tener problemas en la instalación, es preferible escoger un inversor de mayor tamaño al requerido. A pesar de que hay cargas que no necesariamente van a estar encendidas al mismo tiempo, si es posible que suceda, hay que considerarlo.

En este caso, la potencia continua del inversor puede ser 6,000 W y una potencia pico mayor a 6,600 W. Podemos utilizar un Schneider 6848 o un Outback serie Radian 8048. Ambos inversores son híbridos con capacidad de trabajar conectados o desconectados a la red. Es preferible utilizar la misma marca del controlador. Siendo que escogimos un controlador Outback 100 A
300 V en este ejemplo, nos mantenemos con la marca Outback, utilizando un 8048.

-Paso 8 – Conductores y cortacorrientes por tramos.

Veamos los distintos tramos:

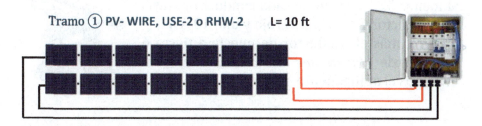

Tramo ① PV- WIRE, USE-2 o RHW-2   L= 10 ft

Tramo ①-*Distancia desde el arreglo fotovoltaico hasta caja de combinación en el techo= 10 ft.* El panel fotovoltaico indica que el cortacorriente para cada serie es de 20 A. Podemos calcular la corriente máxima continua y determinar el tamaño del cortacorriente por nuestra cuenta. No tenemos que aplicar factores de corrección porque las condiciones de uso no lo requieren (más detalles en el capítulo de conductores).

$$Corriente\ continua\ máxima\ (A) = (Isc)x\ (1.56)$$

$$Corriente\ continua\ máxima\ (A) = (10.79A)x\ (1.56) = 16.8\ A$$

Los protectores de voltaje de cada una de las series son de 20 A y 300 *VDC* (*según límite de voltaje del controlador*). Necesitamos un conductor con ampacidad mayor a la del cortacorrientes, o sea, mayor a 20 A. En este tramo ① utilizaremos conductores tipo *PV Wire, USE-2* o *THWN-2* porque resistente al agua, a los rayos UV y están diseñados para altas temperaturas de servicio. De la [32]Tabla 310.16 del NEC® obtenemos que pudiéramos utilizar el calibre 12 con ampacidad de 25 A en clasificación de 75º C. Pero vamos a utilizar al menos el mismo calibre que tienen instalado de fábrica la mayoría de los paneles fotovoltaicos, **10 AWG con ampacidad de 35 A** en clasificación de 75ºC limitada por los terminales.

---

[32] Fragmento de Tabla 310.16 en página 225.

En el Tramo ① entre el arreglo fotovoltaico y la caja de combinación puede instalar un conducto PVC eléctrico gris de ¾" <u>por cada una de las dos series</u>, separado de la torta al menos ⅞". Dentro de cada conducto pasaría un conductor 10 AWG (+) rojo y uno 10 AWG (-) negro, más el conductor de puesta a tierra 6 AWG Verde (*Puede ser uno combinado*). Así evitamos el apiñamiento.

-Veamos el Tramo ② Desde la caja de combinación hasta el controlador de carga.

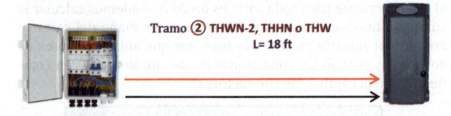

Tramo ② THWN-2, THHN o THW
L= 18 ft

Tramo ②-El arreglo fotovoltaico consiste de dos series, por lo tanto se combinan las corrientes en la caja de combinación y tenemos:

$$Corriente\ continua\ máxima\ (A) = 10.79A\ x\ 2\ x\ 1.56 = 33.7\ A$$

En este tramo podemos utilizar los mismos conductores que en el Tramo ① o conductores más económicos en conducto, tales como THHN o THW. Le instalamos un cortacorriente de 40 A y 300 *VDC* antes de llegar al controlador de carga, por lo que necesitamos un conductor de corriente con ampacidad mayor que la del cortacorriente. De la Tabla 310.16 podemos escoger el calibre <u>**8 AWG con una ampacidad de 50 A**</u> debido a la clasificación de 75ºC por los terminales.

En el Tramo ② entre la caja de combinación y el
controlador de carga, puede instalar un conducto
PVC eléctrico gris de ¾" separado de la torta al
menos ⅞". Dentro de cada conducto pasaría un
conductor 10 AWG (+) rojo y uno 10 AWG (-)

negro, más el conductor de puesta a tierra 6 AWG Verde (*Puede
ser uno combinado*). Así evitamos el apiñamiento.

-Veamos el Tramo ③ Desde el controlador hasta las baterías.

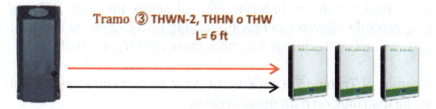

Tramo ③ THWN-2, THHN o THW
L= 6 ft

Tramo ③ -El controlador de carga escogido en este ejemplo tiene la capacidad de producir 100 A de corriente hacia las baterías.
Le instalamos un cortacorriente de 100 A, por lo cual necesitamos un conductor con ampacidad mayor a 100 A. En este tramo
podemos utilizar los mismos conductores que en el Tramo ① o
conductores más económicos en conducto, tales como THHN o
THW. De la Tabla 310.16 obtenemos un conductor **2 AWG con
ampacidad de 115 A** debido a la clasificación de 75ºC por los
terminales.

-Veamos el Tramo ④ Desde las baterías hasta el inversor.

Tramo ④ *Welding cable*
L= 8 ft

Tramo ④ -Desde las baterías hasta el inversor se producen altas
corrientes. En este caso el banco de baterías es de 48 V y el inversor es de 8,000 W.

$$\text{Corriente máxima} = \frac{8000W}{48V}(1.25) = 208 \text{ A}$$

Le instalamos un cortacorriente DC típico en la industria de 250 A, por lo cual necesitamos un conductor con ampacidad mayor. En este tramo podemos utilizar conductores tales como THHN, THWN-2 o XHHW-2, pero son muy rígidos y difíciles de trabajar. De la Tabla 310.16 pudiéramos escoger un conductor 4/0 AWG con ampacidad de 260 A con clasificación de 90ºC. Pero es estándar en la industria utilizar cables de máquinas de soldar en las conexiones de las baterías. En este caso, un cable **2/0 _welding cable_ de TEMCo con una ampacidad de 325 A** es de uso habitual. Faltaría determinar los conductores del tramo final.

-Veamos el Tramo ⑤ Desde el inversor de corriente hasta el panel de distribución o un desconectivo.

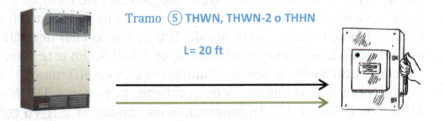

Tramo ⑤ THWN, THWN-2 o THHN

L= 20 ft

Tramo ⑤ -A partir del inversor la corriente es continua o AC. La salida del inversor es 120/240 VAC.

$$\text{Corriente máxima} = \frac{8000W}{240V}(1.25) = 42 \text{ A}$$

En el Tramo ⑤ podemos utilizar conductores más económicos en conducto, tales como THHN o THW. Necesitamos un cortacorriente de 50 A, por lo cual necesitamos conductores de mayor ampacidad. De la Tabla 310.16 obtenemos un conductor **6 AWG con ampacidad de 65 A.** debido a la clasificación de 75ºC por los terminales.

-Paso 9 – Determinar el balance de sistema

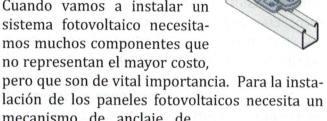

Cuando vamos a instalar un sistema fotovoltaico necesitamos muchos componentes que no representan el mayor costo, pero que son de vital importancia. Para la instalación de los paneles fotovoltaicos necesita un mecanismo de anclaje de acuerdo a su ubicación y presupuesto. El mismo debe ser capaz de resistir

vientos huracanados y ser tolerante a los elementos a los cuales esté expuesto. Debe considerar un costo de ($50/panel fotovoltaico) para las bases sencillas y un poco más para aquellas que ofrecen mayores beneficios estructurales.

La ampacidad de los conductores es afectada adversamente por altas temperaturas. Para evitar pérdidas mayores de energía y complicaciones en los cálculos de ampacidad, consideremos una instalación a temperatura ambiente, utilizando conductores con [33]clasificación de 90ºC, manteniendo los conductos sobre el techo a 7/8" o más de separación, limitando los conductores de corriente en conducto a tres o menos y los tramos DC menores a 25 ft de largo para evitar los cálculos y pérdida por caída de voltaje.

Los cortacorrientes o *breakers* tienen que ser del tipo de corriente del tramo en el que están siendo instalados, con el voltaje y ampacidad correspondiente. Los cortacorrientes van instalados en cajas de combinación con clasifica-

---

[33] Conductores de la columna de 90ºC de la Tabla 310.16 del NEC®.

ción adecuada para la zona de la instalación y espacio suficiente para los circuitos del arreglo. Piense a largo plazo, porque es difícil y costoso cambiar cables o cajas de combinación en el futuro. Considere los protectores para cargas picos, como los *surge protectors o lighting arrestors,* descritos en la sección de cajas de combinación.

Las bases requieren expansiones o sistemas de anclaje adecuados. Los tornillos de anclaje conocidos como Titen son de excelente calidad y muy convenientes. Es como si fueran un Tapcon gigante. Vienen de diferentes tamaños y grosor.

Es conveniente limpiar y sellar el techo antes de hacer una instalación fotovoltaica y mantener el área y equipo limpios. Es importante cumplir con las regulaciones correspondientes en la localización de instalación y dar un buen mantenimiento continuamente.

Ejemplo de cálculo de sistema fotovoltaico de respaldo para emergencias o backup

Cientos de los participantes de nuestros talleres de energía renovable van con la intención de aprender a hacer un sistema de respaldo para emergencias o *backup,* para algunas cargas críticas cuando hay un apagón o falla prolongada en el sistema de energía renovable. Ciertamente lo ideal es instalar un sistema permanente que cubra toda la necesidad energética de la instalación, pero hay casos donde el usuario no cuenta con los recursos económicos o por alguna razón no sea conveniente hacer una instalación que cubra toda la energía requerida para usos cotidianos.

Lo maravilloso de este mundo de energía renovable es que hay una solución para cubrir cualquier necesidad. Siendo que el sistema de respaldo de emergencia no requiere producir o almacenar toda la energía utilizada por la instalación, no podemos diseñarlo a partir del consumo registrado en la factura de energía eléctrica. Para este caso necesitamos saber los consumos de los enseres que necesitamos utilizar y el tiempo que requieren estar encendidos durante la emergencia. Con esa información podemos calcular la energía a colectar, el arreglo fotovoltaico que necesitamos y el tamaño del banco de baterías. Luego se escogen los demás componentes.

El procedimiento es similar, aunque varía un poco, al cálculo de un sistema fotovoltaico completo, solo cambia el consumo y se obtiene un sistema pequeño. Veámoslo con un ejemplo.

La familia Pérez necesita instalar un sistema de resguardo para emergencias para su residencia en caso de un apagón. Requiere el uso de una nevera todo el tiempo, dos abanicos de piso por 12 horas y tres bombillas LED por 4 horas diariamente, mientras dure la emergencia. ¿Cuál sería una opción para su situación? Asuma una eficiencia del sistema de 80%.

Paso 1 – Cálculo de consumo de energía diaria con la tabla de consumo.

Calculadora de consumo para sistema de respaldo de emergencia o *backup*

Enseres eléctricos	Encendido simultáneamente	Cantidad	Horas de uso (hrs)	Consumo (Watts)	Potencia continua (Watts)	Potencia pico (Watts)	Energía diaria (Wh)
Nevera	☒	1	24	110	110	350	2640
Abanico	☒	2	12	60	120	120	1440
Luces LED	☒	3	4	10	30	30	120
	☐						
					260	500	4,200

1. Ponga el nombre del equipo, cantidad de enseres y horas de uso.

2. Marque los equipos que puedan estar encendidos simultáneamente.

3. Mida el consumo continuo. Anote resultados en columna de consumo.

4. Multiplique cantidad de enseres x el consumo para obtener la Potencia continua.

5. Mida el consumo pico del artefacto si tiene motor y anote en la columna de Potencia pico.

6. Multiplique las horas de uso por la Potencia continua para calcular la Energía diaria.

7. Sume la columna de Potencia continua de los enseres a utilizar simultáneamente para determinar inversor.

8. Sume la columna de Potencia pico de los enseres a utilizar simultáneamente para determinar inversor.

9. Sume la columna de Energía diaria para determinar cuánta energía necesitan sus equipos diariamente.
De la calculadora de consumo obtenemos los datos que necesitamos para comenzar el diseño de nuestro sistema fotovoltaico.

Obtenemos la energía requerida para este sistema de respaldo de emergencia, **4,200 Wh**. Quiere decir que diariamente se tiene que colectar al menos 4,200 Wh de energía y el banco de baterías debe tener la capacidad de almacenarlos. Trabajemos primero con el arreglo fotovoltaico.

-Paso 2 – Calcular magnitud del arreglo fotovoltaico

Hacemos unos ajustes a la fórmula de cálculo del arreglo del arreglo solar y tenemos que:

$$Arreglo\ Solar\ W = \frac{(Consumo\ diario\ en\ Wh)}{(Horas\ Irradiación)x(Eficiencia\ Sistema)} =$$

$$Arreglo\ Solar\ W = \frac{(4,200\ Wh)}{(5.5)x(0.8)} = 955\ W$$

Necesitamos un arreglo fotovoltaico de al menos 955 W para suplir la energía requerida de 4,200 Wh.

-Paso 3 - Determinar cantidad de paneles en el arreglo fotovoltaico

Digamos que utilizamos el mismo panel fotovoltaico del ejemplo anterior, un Qcell 355W. En ese caso, necesitamos:

$$Cantidad\ paneles = \frac{Arreglo\ solar\ en\ Watts}{Panel\ Watts}$$

$$Cantidad\ paneles = \frac{955\ W}{355\ W} = 2.7\ paneles$$

Escogemos utilizar tres paneles fotovoltaicos Qcell de 355 W para el arreglo fotovoltaico, sabiendo que la poca capacidad adicional que puedan generar (si alguna), va en beneficio de la instalación.

-Paso 4 – Diseñar el banco de baterías

El banco de baterías de reserva necesita tener la capacidad de almacenar la energía que requiere la instalación diariamente. Esta ha sido calculada en la tabla de consumo, 4,200 Wh.

Capacidad del banco de baterías en *KWh*

$$= \frac{Consumo\ diario\ kWh\ x\ Días\ de\ autonomía}{Eficiencia\ inversor\ x\ DoD\ x\ Factor\ temperatura}$$

Si utilizamos las baterías de <u>ácido-plomo</u> con un *DoD* de 50%:

Capacidad del banco de baterías en *KWh* $= \dfrac{4.2\ kWh\ x\ 1\ día}{0.90\ x\ 0.50\ x\ 1} = 9.3\ kWh$

Si utilizamos las baterías de ácido-plomo con un *DoD* de 80% o baterías de *LiFePO₄*:

Capacidad del banco de baterías en *KWh* $= \dfrac{4.2\ kWh\ x\ 1\ día}{0.90\ x\ 0.80\ x\ 1} = 5.8\ kWh$

El banco de baterías es el corazón del sistema de energía. Sabemos que el banco de baterías depende de la profundidad de descarga a utilizar. Si descarga las baterías a un 50%, el banco requerido es de 9.3 *kWh* y si las descarga a un 80%, el banco requerido es de 5.8 *kWh* aproximadamente.
Si se hace un banco de baterías de ácido-plomo, hay que calcular los Ah de las baterías a utilizar.

Capacidad de cada bateria en Ah **para una serie**

$$= \frac{Capacidad\ del\ banco\ en\ kWh\ x\ \ 1,000\ W/kW}{Voltaje\ nominal}$$

Capacidad de cada bateria en Ah para <u>una</u> serie

$$= \frac{9.3\ kWh\ x\ 1,000\ W/kW}{48V} = 194\ Ah$$

De utilizarse un banco de baterías de ácido-plomo para estas cargas de emergencia, una [34]serie de baterías de 200 Ah a 48 V hacen el trabajo.

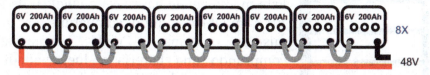

Hasta ahora tenemos el arreglo fotovoltaico y el banco de baterías que necesitamos. Cuando se hace un sistema de respaldo para emergencias, se escoge equipo que generalmente es más económico, pues el costo es la razón primordial por lo cual las personas solo pueden costear un sistema pequeño. Otra razón puede ser el espacio, como en los apartamentos.

Por ello muchas veces es conveniente adquirir un equipo que tenga lo necesario en un solo gabinete para una instalación económica, fácil, rápida, segura y que ocupe poco espacio. En este caso, sabemos que necesitamos un controlador de carga con la capacidad de procesar 955 W y un inversor con una potencia pico de al menos 500 W. Aunque es altamente recomendado instalar un equipo de mayor capacidad para que pueda aumentar o expandir en el futuro de ser necesario.

Para efectos ilustrativos solamente, se pudiera escoger un inversor marca Growatt SPF 3000TL LVM-ES. Este inversor, como los hay de otras marcas, tiene la capacidad continua de 3,000 Watts y es más que suficiente para este ejemplo. Tiene integrado un controlador de carga MPPT de 80 A con una capacidad de 4,000 Watts, más que suficiente para esta instalación. Es para voltajes de 48 V en el banco de baterías y su salida es 120 VAC. Puede trabajar sin baterías, es apilable y tiene pantalla integrada.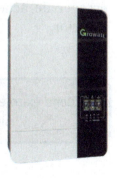

---

[34] Independientemente del voltaje individual de cada batería, todas iguales, hasta formar el voltaje del banco. Ej. 8 baterías de 6V, 4 baterías de 12V, etc.

 Como todo está integrado se ahorra la caja de combinación DC y los cortacorrientes. Esta marca vende baterías de LiFePO$_4$ de 5 *kWh* apilables y todo compatible en un mismo sistema. Puede comenzar comprando una batería y luego añadir según sea posible. Hay muchas marcas como MPP y Sol Ark que ofrecen equipos similares.

La ventaja de utilizar un equipo con todo integrado es palpable, pues es algo así como *plug and play*. Basta con conectar al gabinete del inversor el arreglo fotovoltaico, las baterías [35](*si las tiene*) y la salida de corriente AC y listo. Pero no debe olvidar que es un problema si se daña alguno de los componentes, aunque estén en garantía, pues todo está junto y llevarlo a reparar significa apagar el sistema.

-Paso 5 – Conductores y cortacorrientes por tramos.

Los cables y los cortacorrientes que requiera utilizar los puede escoger de acuerdo a los mismos procedimientos del ejemplo anterior.

¡Mucho éxito en sus proyectos de energía renovable y recuerde siempre que la seguridad es primero!

---

[35] Este equipo trabaja sin baterías y permite añadirlas más adelante según sea necesario.

ACERCA DEL AUTOR

Nacido y criado en el pueblo de Guánica, Puerto Rico, en la década del '70, criado en un humilde hogar de la comunidad del barrio Bélgica. Habiendo estudiado en escuelas públicas del país, trabajado en fincas, construcción general y miembro del Ejército de Estados Unidos.

Luego de casarse se establece en Rio Grande, Puerto Rico. En principios de la década del 2000 termina estudios de ingeniería y establece su propia compañía de construcción, entre otros negocios. En el 2017 publica la novela puertorriqueña Mi Vieja Mecedora. Debido a la buena acogida publica la continuación, Veredas.

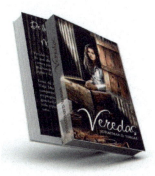

En el 2017 comienza a dar seminarios en sistemas de energía fotovoltaica, atendiendo a miles de participantes en cientos de talleres alrededor de la isla. Cientos de ingenieros y peritos electricistas han encontrado respuesta a sus dudas y lagunas en tales seminarios.

mrvargasjd@yahoo.com
www.facebook.com/aprende.energia.renovable

Made in the USA
Columbia, SC
13 February 2025

53378274R10167